儿童心理课

含含妈咪 著

天津出版传媒集团

天津人民出版社

图书在版编目（CIP）数据

　　儿童心理课 / 含含妈咪著 . -- 天津 ： 天津人民出
版社， 2018.7
　　ISBN 978-7-201-13137-5

　　Ⅰ . ①儿… Ⅱ . ①含… Ⅲ . ①儿童心理学 Ⅳ .
① B844.1

　　中国版本图书馆 CIP 数据核字 (2018) 第 059154 号

儿童心理课
ERTONG XINLIKE

含含妈咪　著

出　　版	天津人民出版社
出 版 人	黄　沛
地　　址	天津市和平区西康路 35 号康岳大厦
邮政编码	300051
邮购电话	（022）23332469
网　　址	http://www.tjrmcbs.com
电子邮箱	tjrmcbs@126.com

责任编辑	王昊静
策划编辑	马剑涛　吴海燕
特约编辑	胡善林
装帧设计	胡椒书衣

印　　刷	大厂回族自治县彩虹印刷有限公司
经　　销	新华书店
开　　本	880×1230 毫米　　　1/32
印　　张	7.5
字　　数	250 千字
版次印次	2018 年 7 月第 1 版　　2018 年 7 月第 1 次印刷
定　　价	45.00 元

从婴儿阶段开始，宝宝的心理活动就已经很丰富了。虽然他们不能用语言表达，但是会通过行为动作向妈妈发出一系列信号，告诉妈妈自己的真实需求。他们的满足、自信、疲惫、孤独、恐惧乃至所有情绪，都能在行为中体现出来。

但是，在现实生活中，好多父母没能理解孩子行为背后的心理需求，他们只是单纯地带孩子。但是能带孩子，不等于会带孩子。因为不理解孩子行为背后的心理，许多父母正在伤害自己的孩子！

孩子为什么爱哭？孩子为什么说脏话？孩子为什么打人？孩子为什么小气不爱分享？孩子为什么吮吸手指？孩子为什么爱说谎？孩子为什么坐不住？孩子为什么恐惧？……

这一系列为什么，只说明一件事：只有理解孩子行为背后的心理需求，才能对症下药，引导孩子健康成长。

世界上没有问题儿童，只有缺少正确引导的父母。因此，作为父母，必须拥有一双火眼金睛，才能从中读出孩子未曾说出的话，理解其行为背后折射出来的内在心理需求，从而从真正意义上做到会带孩子，找到开启孩子内心的钥匙，懂得孩子的情感需求，让孩子成为孩子，让孩子像孩子那样长大，带他成长，陪他成长。

孩子的行为多种多样，而每个行为背后都有着和成人不太一样的行为心理。只有抓住孩子行为背后的心理，才是解决问题的关键。

父母对孩子真正的爱是什么？是对孩子心灵的呵护。父母应该学会从孩子的角度出发，关注孩子的行为变化，从而发现孩子心里的真实想法，关注孩子的内心世界，理解孩子行为背后的真正原因，唯有如此，你的"教育"于孩子而言才会是一件幸事。

本书正是以"解读儿童行为"为主题，集结了儿童的各种行为和心理表现，从儿童的生活、学习、情绪管理、社会交往等几大方面进行阐述，以朴素的语言对儿童行为心理条分缕析，用生活中的实际事例将难懂的行为心理学知识通俗化。相信读完此书，定能切实解决广大父母面临的育儿难题，让父母迅速读懂孩子的心，找到科学教养孩子的方法。

目录

CONTENTS

第三章　了解孩子学习方面的行为，培养孩子自觉的好习惯

第一章

孩子心里藏着小秘密，需要
父母去解开

　　对于许多父母而言，孩子的心里永远藏着小秘密。在日常生活中，孩子的许多行为令父母感到困惑。孩子的行为多种多样，而每个行为的背后都有着和成人不太一样的行为心理，只有抓住孩子行为背后的心理，才是解决问题的关键。

爱孩子，就要读懂孩子的心灵世界

行为表现 孩子不听劝，大哭

涛涛是一个刚满3周岁的小男孩。但最近因为着凉感冒，上吐下泻的，为了让他的肠胃尽早恢复，涛涛妈妈就给他熬了很浓稠的小米粥喝，可是涛涛一点儿也不领情，不愿意喝，并且在肚子饿的时候大叫，"我想吃饼干！我想吃饼干！"

一开始，涛涛妈妈还耐心地告诉涛涛："你现在不能吃饼干，等你的肠胃恢复了才能吃。"可是涛涛听后仍不罢休，还是吵着要吃。妈妈想转移涛涛的注意力，就故意在他说吃饼干的时候顾左右而言他。

没想到这招还挺管用，涛涛要饼干的问题被妈妈一遍遍地答非所问，最后涛涛什么都不说了，撇着嘴开始大哭起来，不管妈妈如何哄还是如何抱，甚至最后都拿出了他想要的饼干，但他还是不听，仍然一个劲儿地哭。这时，外婆来了，孩子仿佛是找到了救命稻草一样，抱着外婆又是一阵哭泣，最后要睡觉了，还不让妈妈碰他，居然对妈妈说："不要妈妈，要外婆……"妈妈听着涛涛的话感觉好伤心。

心理语言 孩子的行为是其内心的真实反映

在上面的案例中，涛涛一遍又一遍地表达他要吃饼干的愿望，可是妈妈故作聪明地答非所问，让涛涛觉得自己表达不清，无法跟妈妈沟通，才选择了用哭闹来解决问题，甚至是最后不要妈妈了。虽说童言无忌，但却是孩子内心真实的反映，作为家长，要想和孩子好好地沟通，读懂孩子内心的真实需求才是最关键的。

3岁左右的孩子，心理还不成熟，自我调节能力低，很容易受到他人和外界环境的影响。因此，在幼儿教育中，一定要采取积极的心理暗示，在潜移默化中影响孩子的心灵，轻松解决孩子成长过程中出现的问题。

在日常生活中，孩子的许多行为常常会令父母感到困惑。有时候，孩子会突然开心大笑；有时候，孩子又会忽然放声大哭；有时候，孩子会和小朋友为争夺一个玩具而大打出手；有时候，孩子又会独自一个人躲在角落里一边自言自语，一边玩着什么……

对于很多父母来说，孩子的内心是一个无法探索的神秘迷宫。也许有的父母认为，小小孩童的心灵就是一张无须解读就可以一览无余的白纸，如果你这样认为，那就大错特错了！其实，孩子的内心世界要比我们想象的丰富得多。而且他们还爱憎分明，喜欢你就会冲你笑，不喜欢你就会对你置之不理。他们对人的评价不是"好"就是"坏"，对事物的理解不是"是"就是"非"。许多事情在成人的眼中是错误的、可笑的，但在孩子的眼中却是正确的、正常的。

孩子的行为多种多样，而每个行为的背后都有着和成人不太一样的行为心理，只有抓住孩子行为背后的心理，才是解决问题的关键。可是，有些父母由于对此不了解，看到孩子大哭大闹，他们首先想到的就是把孩子批评一顿，却并不去想孩子为什么会哭，难怪如今很多孩子都会抱怨父母不能理解自己。还有的父母把孩子的一些正常表现当成了不乖的行为并予以斥责，这样就违背了孩子的天性，孩子会觉得痛苦，从而留下心理隐患。父母要懂得，教育孩子不应该只看表面的东西，还要去探究孩子行为背后的心理，这样才能对症下药，正确引导。

专家指导 了解并遵循孩子的心理成长规律，并加以正确引导

如果此时问各位父母："你们了解自己的孩子吗？"相信大部分都会这样回答："当然了解，孩子穿多大的衣服、几号的鞋，喜欢吃什么菜、什么零食，我都知道。"如果再问："你知道孩子心里经常想些什么吗？"答案可能是："那不太清楚，这么小的孩子能想什么呀！"其实，孩子的内心是一本五彩的书，书中写着他的喜怒哀乐等着爸爸妈妈去读懂它。父母施与孩子真正的爱，会缩短彼此心灵间的距离。

父母作为孩子的第一任老师，更应该充分地了解并遵循孩子的心

理成长的规律，并在此基础上对孩子加以正确的引导，指导孩子的心理慢慢走向成熟。

1. 了解孩子的心理特点

很多父母都抱怨："我家孩子怎么突然这么不听话了？"当父母了解了孩子的心理特点后，这一切疑问便都迎刃而解了。因为当孩子五六岁的时候，他们就开始认为自己的行为和想法是正确的，于是常常固执己见。

2. 尊重孩子的心理发展规律

了解了孩子的心理特点后，父母首先应该尊重孩子心理发展的规律。比如，一般来说，孩子在小学阶段的注意力和意志力等的发展都还不太健全，注意力不容易集中，做事也缺乏毅力，对此父母应该尊重他们的心理发展规律，不要强迫他们长时间地学习。

搞懂宝宝的肢体语言，才能更好地了解他的内心世界

行为表现 抓住妈妈不放，不让妈妈离开

姐姐8个月大，妈妈每次给她喂奶，她都特别调皮，有时候抓住妈妈的头发不放，有时候吃完奶就赖在妈妈身上，爸爸要把她抱开，她就开始哭闹。有一次，妈妈准备出门上班，想抱一下姐姐，结果姐姐抓住妈妈的脖子，不让妈妈离开，等分开时，姐姐已经在妈妈的脖子上留下了几道抓痕。

心理语言 肢体语言是宝宝与成人交流的"秘密语言"

孩子在婴幼儿时期，由于语言表达能力不强，所以他们都会通过运用肢体动作来向成人传递内心的想法。几乎所有的孩子都拥有属于自己的"秘密语言"，这种语言不仅指话语，还表现在孩子身体的活

动和面部表情中，这就是我们平时所说的"肢体语言"。

　　肢体语言所表达出的一个人内心的意思，有时比说话更为真实。宝宝由于口语表达能力不够成熟，所以最擅长运用肢体语言，例如高兴时手舞足蹈，生气时握拳踢腿，难过时号啕大哭等，都很明显而容易被了解。因此，肢体语言成为宝宝在能够用词汇表达以前的一种与他人沟通的工具。

专家指导 通过孩子的肢体语言，学会倾听孩子的"心语"

　　每个父母都会经历孩子从呱呱坠地到蹒跚学步的阶段。在这个阶段里，宝宝不会说话，但会用丰富的肢体语言来感受这个世界，表达自己的情感。通过孩子的肢体语言学会倾听孩子的"心语"，是每个年轻父母的必修课。

　　（1）咧嘴笑。表示兴奋愉快。父母应笑脸相迎，用手轻轻抚摸宝宝的面颊，或在其面、额部亲吻一下，以示鼓励。笑对宝宝身心发展极为有利。

　　（2）瘪嘴。宝宝瘪起小嘴，好像受了委屈，像是要啼哭，而实际上是对成人有所要求。比如，肚子饿了要吃奶，寂寞了要人逗乐，厌烦了要大人抱起来换个环境或改变一下姿势。这时，父母要细心观察宝宝的要求，适时地满足他。

　　（3）喜欢踢腿。这是宝宝开心激动时候的表达方式，大部分宝宝在快乐的时候会踢腿。

（4）握紧拳头。当宝宝饿的时候，他会变得紧张并握紧拳头。

（5）紧缩膝盖。宝宝紧缩膝盖是消化道不适的迹象。当宝宝受到肠蠕动不适、胀气、便秘时，就会紧缩他的膝盖，呈现出不舒服的样子。

（6）拱起背部。宝宝拱起背部来反映他的疼痛或不安。大多数的情况下，宝宝拱起背部是因为胃灼热。

（7）用手敲打头部。婴儿像大人一样，也会出现头痛。如果宝宝总是用手敲打头部，则有可能是头痛了。

（8）爱挖鼻子。宝宝爱挖鼻孔，可能是鼻子不舒服或与鼻炎有关。

（9）眼神无光。宝宝表情呆板，很可能是身体不适的征兆，也许他已经患上了疾病。这时最好带宝宝去看医生，千万不要耽误。

（10）爱理不理。有时宝宝玩着玩着，眼光就变得发散，对外界的反应也不再专注，还时不时地打哈欠，头也转到一边，不太理睬妈妈，这就表示他困了。

认真倾听孩子说话，孩子需要表达自我感受的机会

行为表现 孩子突然变得叛逆，不听妈妈的话

涛涛是一个乖巧的孩子，平时很听爸爸妈妈的话，只要是父母要求他去办的事情，他都会老老实实地去完成，妈妈感到颇为欣慰，经常向别人夸赞涛涛是个懂事的好孩子。

但是，最近一段时间对于家长布置的任务，涛涛变得很抵触，这种变化让妈妈措手不及。

事情的经过是这样的。妈妈在和朋友聊天的时候得知，他们的孩子都报了许多培训班，而自己的孩子涛涛却只报了一个美术班，妈妈担心自己的孩子会输在起跑线上，于是，在多方打听后，自作主张地给涛涛报了一个英语补习班，上课的时间定在每周的周六、周日。

傍晚，妈妈等涛涛回到家中，就和他说了这件事情："我给你报了英语补习班，下个月开始，你周末两天就去上课吧。"

涛涛听了，嘟哝道："您怎么也不和我说一声呢？我不去！"然后，他把书包丢在了沙发上，气呼呼地回自己屋了，饭也不吃。

妈妈看到涛涛的反应大吃一惊，在她的印象中，涛涛是一个绝对听话的好孩子，这次他是怎么了？无论妈妈怎么敲门，涛涛都不应答。之后的两天，涛涛也不和妈妈说话，两个人冷战起来。

妈妈觉得长此以往终究不能解决问题，于是主动示弱道："涛涛，没有事先和你商量是妈妈的错。但是英语补习班对你的英语学习是很有帮助的，要是你有不同的想法，可以和妈妈聊聊，妈妈很想听听你的想法。"

涛涛这时才缓缓地开口："妈妈，我知道您想让我多学点儿东西。但是您忘了吗？我每周六都要上美术课。画画是我最喜欢的事情，再说，凡事不能半途而废，不是吗？"

妈妈这才记起来涛涛的课程时间，道歉说："哦，抱歉，妈妈忘记了。那么，我们好好商量一下既能学画，又不耽误学英语的时间安排，好吗？"

妈妈的理解让涛涛充满了感激，非常配合地与妈妈讨论起培训班的课程安排，母子的关系也变得更好了。

心理语言 孩子需要表达自我感受的机会

从上面的案例可以看出，孩子的叛逆行为源于渴望得到父母的理解，如果家长多与孩子沟通并善于倾听孩子的倾诉，就能与孩子建立起亲密的关系，孩子自然也乐于配合父母。

但是，在生活中，家长们常常会自作主张地帮孩子们决定一些事情，并且以为这些事情也是孩子喜欢的。殊不知，这种行为不仅剥夺了孩子的自主权，滋生他日后依赖他人的思想，更会让孩子的性格和心理出现问题。因此，给予孩子话语权，做他们的倾听者，才是积极健康的教养方式。

专家指导 家长要有倾听的意识并学会倾听

想要培养一位心理健康的孩子，父母必须要学会倾听孩子的心声，这也是每个做父母的都需要学习的。采用正确的方法来倾听孩子的心声，可以得到事半功倍的效果。那么，倾听孩子心声的正确方法有哪些呢？

1. 要全神贯注

倾听时，父母应停下手中的工作，为孩子提供表达感受的时间和空间，做一个全神贯注的倾听者。

2. 要有耐心

孩子毕竟还小，父母一定要有耐心地听孩子说话。不管孩子的表述是否有误或者清楚，父母都应该耐心地听孩子说完。

3．让孩子把话说完

有时候，孩子说的话可能是漫无目的，甚至是天马行空的，即使如此，父母也要给予足够的时间让孩子把话说完。

4．不要中途打断孩子

孩子说话的时候，父母不要理所当然地认为孩子说的没有道理就打断孩子的话语，这会打击孩子的自尊心和积极性。

5．注意眼神交流

在倾听孩子说话时，一定要注意和孩子面对面地交流，同时要尽可能多地和孩子进行眼神交流，这会不自觉地提高孩子的积极性。

6．不要急于下结论

孩子说了什么话之后，父母不要急于下结论，而要多给孩子一点儿思考的时间。

7．咨询孩子的看法

如果父母身上发生了一些事情，可以让孩子参与讨论，让孩子发表看法。

问

　　我女儿璐璐的逆反心理表现得特别早。在3岁左右，正逢初入幼儿园上小班，她情绪非常暴躁，特别喜欢在家里和父母"对着干"。我喊她吃饭，她偏要玩玩具；我叫她去洗澡，她偏要看图画书；我让她上床睡觉，她说陪爸爸，因为爸爸还没睡。身为孩子的妈妈，我有一段时期也无所适从，到处打电话求教"秘方"，但并无所获。

答

　　这是孩子的逆反心理在"作怪"。他们由于自我意识的发展，认识事物能力的提高，会感到有些事情自己可以做了，所以跟父母的教育观点就会产生冲突。但对父母来说，会觉得孩子在对抗自己。

　　家长应该去理解孩子的心理，从孩子的角度去考虑问题，去帮助他们解决问题，而不是一味地训斥、打骂，想办法缓解两辈人之间的冲突，孩子的逆反心理才能得以改善。

　　（1）改变观念，正确认识孩子的逆反心理。家长应尊重孩子，多听孩子的意见，尽量用商讨的方式引导孩子，给孩子的发展创造一个宽松、自由、和谐的环境。当孩子出现逆反行为时，不能压制他们，应允许孩子在一定范围和程度上存在这种逆反心理，以达到趋利避害的目的。

（2）认真分析原因，因势利导。当孩子出现逆反行为时，切忌打骂，而要简单行事。要认真分析原因，针对孩子的种种表现，反思自己的教养方式，并且引导孩子说出他那样做和说的道理。如果有理由，而且正确，要鼓励表扬；如果没有理由，要进行疏导，明确指出或引导修正。

（3）运用游戏、娱乐转化幼儿的逆反行为。对于不同原因引起的逆反心理，通过不同的游戏方式予以转化。

问

某个幼儿园要举行一场活动，请各位小朋友交100元钱，以下是一场令人深思的对话。

小朋友甲说："100元算什么，1000元我也交得起。"小朋友乙说："2000元我也交得起。"小朋友丙说："我爸爸给我买了好几千元钱的玩具呢，这点钱算什么？"小朋友丁说："那点钱算什么！我家还有小轿车呢。我每天来幼儿园坐的是宝马豪华车。"还有一些小朋友说，"我家有三层楼别墅""我家有摄像机""我家还有……"

答

听到这段对话，我们每个家长心里肯定不是滋味。小小年纪就爱攀比，令人深思。反思过后，会发现，其实家长恰恰是孩子攀比的第一任老师，当他们在孩子面前肆无忌惮地说贫比富时，不能分辨是非的孩子很快就会学会，孩子们就会简单地重复成人的话，模仿成人的语气去评价自我和他人。因此，家长平时要注意自己的言行，不要攀比。

（1）当发现孩子有攀比心态时，家长千万不可盲目训斥或一味满足，而应该静下心来和孩子交流。爱"攀比"是学龄前儿童在这个特殊时期的特殊表现，因为幼儿天真幼稚的天性为攀比提供了心理基础。

（2）家长要让孩子明白，每个人都是独特的个体，都有自己的优点和缺点，我们要帮助他找出优点，培养自信心，让孩子知道他也有让别人羡慕的地方，这样才能从根本上平息他的攀比之心。

问

先来看下面两位妈妈的述说：

我的儿子怎么变得这么懒了，在家什么事也不做。平常都是我做家务活，今天我生病在床，要他帮忙拖一下地板都不肯。我说我生病了，你帮忙做一点，他说等你病好了再拖地吧。

唉，我女儿一有数学题不会做就问我，我说你自己动脑筋想想嘛，她就说她不会做。其实题并不难，她就是怕动脑筋。

答

这两个例子都在诉说着父母对孩子的不满，或在表达心中的困惑。各个孩子的情况不同，但实质是一样的——懒惰。懒于做事，懒于思考。对此，父母应做到以下几点：

1. 要帮助孩子克服依赖心理

父母的过分宠爱，反而使孩子自己原先能做的事情也不愿意去做，碰到一些困难就喊爸妈，完全依赖他人。因此，父母、长辈必须改变包办代替的做法，使孩子克服依赖他人的心理。当孩子遇到困难的时候，应当帮他树立克服困难的勇气。

2. 教孩子自己的事情自己做

独立能力的培养对孩子们而言，必须要从孩子的全部生活细节中得到充分的体现——自己的事情自己做。如果坚持让孩子自己做，孩子肯定能做到的。不过，父母不要下死命令，要鼓励孩子去做。

第二章

读懂孩子生活方面的行为，才能
更好地了解他的想法

　　一个人的良好生活行为习惯并不是一下子就形成的，需要经过一个从陌生到熟练，再由熟练到自由化的过程。要完成这一过程，必须反复训练，逐步强化。

　　孩子的生活方面的行为会真实地反映他们的内心世界，读懂这些行为背后的真相，将帮助你更好地教育孩子，培养孩子养成良好的生活行为习惯。

爱玩冲水马桶，要满足孩子的探索欲

行为表现 爱玩冲水马桶

笑笑从小就是个风风火火的小丫头，为了她的安全，一家人操了不少心。最近，爸爸妈妈渐渐发现，这个刚满3岁的孩子，又多了一个不安全的行为——喜欢玩马桶。

刚开始，笑笑只是对马桶的冲水按钮感兴趣，每次看到大人用手按过后，她就模仿着大人的样子不停地按下去，听着"哗啦哗啦"的水声，她会站在那里呵呵地笑个不停。开始的时候，爸爸妈妈还不停地阻止笑笑，告诉她不要浪费水，但是她哪里肯听，边玩边乐呵呵地说："真好玩，真好玩！"爸爸妈妈认为劝阻没什么用，干脆就不管她了，让她去玩吧。

过了一段时间，笑笑又喜欢拿着刷子趴在马桶圈上刷马桶。与其说是刷马桶，不如说是玩水，而且被马桶里的水溅了一身也是常有的事。看到这种情形，爸爸妈妈头疼不已，尽管尝试了多种办法，但也都无济于事。

然而，最近，笑笑又对水箱感兴趣了。有一次，妈妈看到笑笑踮着脚尖想把上面的盖子弄下来，因为担心她会把水箱盖子打碎，就想过去帮忙，但是笑笑坚持非要自己弄不可。

看到这种情形，妈妈把心一横，想了想，干脆不管她了，让她一个人去倒腾吧，大不了打碎了就换个水箱盖子。可是，刚走进书房，她的心又开始悬了起来。于是，妈妈就偷偷地藏在笑笑身后。她发现笑笑很小心地将马桶水箱的盖子搬下来，接着又很小心地放到地上，然后将盆里的水倒进水箱里面，之后又将水箱盖子从地上搬起来盖上去；最后，笑笑又按下冲水按钮将水全部冲走。

在整个过程中，妈妈始终是提心吊胆的，生怕马桶盖子掉下来砸到孩子的脚，又担心笑笑会把水泼了自己一身。但是在整个过程中，笑笑做得非常认真仔细，而且她的衣服几乎没有溅到水。

看到笑笑"大功告成"，妈妈急忙悄悄地溜回书房，因为她知道，女儿每完成一件"工作"后，都会向大人"表功"的。

果不其然，笑笑兴高采烈地来到书房，笑眯眯地说："妈妈，我把水倒进水箱里了，真好玩。"

妈妈听了，故作惊讶地问："你怎么把水倒进去的呢？"

笑笑歪着小脑袋，自豪地说："我用盆接水倒进水箱里的啊。"

妈妈又装出一副好奇的表情，蹲下身来问她："水箱上面有盖子，你怎么弄的呢？"

"我把盖子搬到地上放好，再把盆里的水倒进去的啊。"笑笑认真地说完以后，就高高兴兴地玩去了。

心理语言 马桶是个有趣的"玩具"，充满了神奇和想象

孩子充满了求知欲与好奇心，喜欢去探索了解周围的一切事物，而他们之所以喜欢马桶，就是因为在孩子眼里，这是一个新鲜、有趣的东西，以前没见过。而且只要轻轻按一下，这个"玩具"就会发声，更奇怪的是，还会流水。所以，年幼的孩子都喜欢玩这个"玩具"，想知道它的"肚子"里到底装的是什么，更会迫不及待地把它拆开来看看究竟。其实，这是儿童心理发展阶段的正常表现。

专家指导 把玩乐权交给孩子并做好保护工作

虽然说很多孩子都有爱玩马桶的嗜好，但是安全隐患也着实令人担忧。那么，面对天真无邪的孩子，大人又该如何引导，才能既不扼杀孩子的童真，又保证孩子的成长安全呢？

1. 把玩乐权交给孩子自己

以孩子爱玩马桶的事情来讲，这是孩子的好奇心理特征的表现，他们对不理解的事物都有强烈的探究心理，总想摸一摸、看一看、尝一尝、闻一闻。其实，这种行为的根源在于孩子想弄清楚这些新鲜有

趣的东西到底是怎么回事。他们只是想探究隐藏在玩具里面让他们感到神秘的东西。所以，家长不要因为马桶的卫生问题而不让孩子玩。其实，家长的这些想法控制了孩子的玩乐权，这对孩子的身心发展是不利的。

2. 做好保护工作

当孩子靠近马桶时，家长要有意识地在一旁观察和保护，以防止孩子发生危险。同时，家长可以让孩子了解一些马桶的知识，告诉孩子马桶是大小便的地方，并不厌其烦地告诉孩子，这里"臭臭""脏脏"，一定要远离。

宝宝爱玩"脏东西"，是认知自然的需要

行为表现 收藏废旧物品，当宝贝一样玩

前几天，趁着双休日的时间，妈妈想把家里彻底整理一下。只要翻出没用的东西，她就会顺手扔在客厅的地上，全部收拾好后再一并处理。

可是，就在妈妈打算再收拾这些废弃物品时，却发现被刚满4岁的儿子涛涛偷偷地转移到自己的房间收藏了起来。

于是，妈妈好奇地拉开儿子房间的储物抽屉，竟然是满满一抽屉的"垃圾"：有糖纸、塑料空瓶、牙膏盒、易拉罐，还有破损的包装纸、五颜六色的吸管。看到眼前这一幕，妈妈顿时目瞪口呆。

这些东西多脏啊，孩子怎么能把它们放在抽屉里呢？没经儿子同意，妈妈就急切地要清理这些杂物，但是涛涛立即大叫着扑上来，这也不肯丢，那也不能扔。妈妈看到孩子这样，简直是哭笑不得，"我家

孩子可真是一个'破烂王'！"

妈妈想到早在涛涛两三岁的时候，他就喜欢把这些废旧物品当宝贝一样玩。

有一次，涛涛在小区花园里玩，玩着玩着，突然开心地跑向妈妈身边，并大喊着："妈妈，妈妈，你看，我找到了一个宝贝！"

妈妈很认真地看着儿子手里拿的"宝贝"，令她吃惊的是，竟然是一个脏瓶盖。

妈妈见了，反而语气严肃地对涛涛说："这个东西非常脏，而且还有一点儿'异味'，我们不玩它，把它丢掉，你说好不好？"但是，涛涛正玩得不亦乐乎，哪里肯听妈妈的话呢？

后来，涛涛经常捡回一些"宝贝"，像石头、沙子、树叶、瓶瓶罐罐什么的，然而，这些"宝贝"在大人眼里就是十足的"破烂儿"。

心理语言 "脏东西"是最好的自然玩具

其实，不只是涛涛爱收集一些废旧物品，在生活中，很多孩子都喜欢收集各种废旧物品作为自己的玩具。相信大多数家长都有过这样的体验：带孩子出去玩时，经常会发现他们对地上的一些东西特别感兴趣，往往是不管三七二十一先捡起来再说，对此，家长的第一反应往往是"那些东西太脏了，不能玩，赶快扔掉"，但孩子就是不愿意扔掉。

不可否认，父母因为顾虑这些脏东西不卫生而担忧孩子的身体健康，是可以理解的。但是，孩子之所以把这些"破烂"当作"宝贝"，也是有他的道理的。那么，为何孩子喜欢这些"破烂"呢？

1. "脏东西"是孩子最好的自然玩具

这些"脏东西"是大自然的一部分，而我们的生命，也源于大自然。所以，孩子出于本能自然需要像沙子、石头、泥土这些"脏东西"。可以说，这些"脏东西"与孩子有一种不解之情，他们天生就喜欢亲近它们，把它们当作自然的玩具来玩。

2. 孩子眼里的物品没有贵贱之分

在孩子的眼里，物品没有高低贵贱之分，只有喜欢与不喜欢的区别。那些在大人眼里的"破烂"在孩子眼里可能就是好玩的、有用的东西，而且很多时候，这些"宝贝"甚至比买来的高级玩具更能激发孩子探究与活动的兴趣，摆弄起来也更有乐趣。

专家指导 理解、支持这一行为并引领孩子探索

孩子玩"脏东西"对孩子是有好处的。

1. 玩"脏东西"是孩子创造力发展的需要

孩子眼里的"脏东西"有利于孩子智商的发展，尤其有利于孩子创造力的发展。因为孩子的思维与成人的是不一样的，孩子是通过

游戏、玩耍来锻炼思维和创造力的。所以，孩子在玩"脏东西"的时候，也是在调动大脑的思维。

2. 玩"脏东西"是孩子认知自然的需要

从孩子的成长特点来看，他们是通过游戏、玩耍来认知事物的。而且孩子在玩耍这些成人眼里的"破烂"时，也是他们亲近大自然、了解大自然的好机会。所以，孩子经常玩耍这些来自大自然的"脏东西"可以增强他们对自然的感知力。

既然孩子玩脏东西并非一件坏事，那么家长又该如何做，才能更有利于孩子的成长呢？

1. 家长要有同理心

看到孩子玩"脏东西"或是郑重守护自己的"宝贝"时，家长不要动不动就把孩子捡到的"宝贝"扔掉，也不要武断地禁止孩子玩，而是应该认可孩子的这种行为。要知道，现在的孩子，尤其是那些住在都市高层公寓里的孩子，既不能上树掏鸟，又不能下河摸鱼，对于孩子的这种单调生活，家长更应该理解、支持。而且另一方面，幼年时期频繁地被限制和否定，对孩子的心理发育也是非常不利的，而且还会无情地扼杀孩子对生活的热爱，对世界的探求。

2. 保证"脏东西"对孩子安全无害

孩子的认知能力有限，生活经验不丰富，不能准确识别物品的安全隐患，所以，家长要为孩子把关，确保他收集的物品安全无害。与此同时，家长还要在肯定孩子收集热情的前提下，提示孩子某些物品该如何正确使用。比如，塑料袋不能套在头上，以防窒息；小颗粒不能塞进嘴里，以防异物入体等。

3. 陪伴孩子游戏

孩子整理"破烂"并玩耍这些东西时，如果家长也能参与其中，不仅能使乐趣大增，亲子感情也会随之升温。比如，孩子搜集了各种各样的树叶以后，家长可以和孩子一起把各种树叶分类贴到一个专门的本子上，并引导孩子命名，由父母来书写。

4. 引领孩子探索

很多孩子面对收集来的"破烂"，可能也玩不出名堂，这时候，家长就要多点拨，多指引。比如，孩子搜集了一堆牙膏盒、香皂盒，可能除了在里面装些小东西摇晃外，就再也玩不出什么花样来了。这时家长可以启发孩子，牙膏盒和身边的哪些东西相似，可以用来做什么。通过启发和引导，让孩子把两支牙膏盒粘在一起，可以制作望远镜，把三四支大小不同的牙膏盒贴在一起，可以制作笔筒。这种游戏可以让孩子多动脑思考，多动手尝试，体验"变废为宝"的乐趣。

5. 积极暗示孩子，不要用消极的命令

多数父母一看见小孩子玩肮脏的东西，就本能地把它夺过来，而且还要骂他，甚至于还要打他。其结果，小孩子改过的少而怨恨父母的多；即使不怨恨父母，至少也要有一点儿不喜欢父母了！因此，应用积极的暗示，不应用消极的命令。此外，家长还要尽己所能经常带孩子进行户外活动，给孩子充分的接触自然和探索自然的机会。毫无疑问，这对孩子的健康成长是极为有利的。

孩子爱拆东西，是好奇心和求知欲的一种表现

行为表现 爱拆玩具汽车

　　天天是一个5岁的小男孩，他喜欢各种各样的玩具汽车，爸爸妈妈给他买了很多。可是，刚刚买来的新玩具，过不了几天就被天天拆得七零八落，搞得家里一片狼藉。

　　无论爸爸妈妈怎么教育，天天依然我行我素。无奈之下，爸爸妈妈只好这么想：或许等儿子长大了，就不会再有这个坏毛病了。于是，他们只好默许儿子的"破坏行为"。

　　日子一天天过去了，天天也慢慢长大了，然而拆东西的坏习惯有增无减。有时候，他会提个塑料桶，跑到阳台上用锯条锯开；有时候，他会偷偷拆下电脑上的低音炮，拆不开就用榔头砸……

　　天天5岁生日那天，竟然把姑姑从外地寄给他的生日礼物——遥控

警车给拆散了。当天天爸爸下班回到家，看到散落满地的玩具时，气坏了，他一怒之下，想也没多想就朝天天的屁股打了过去，接着又是一顿教训，语气严肃又生硬地说："以后再也别想要玩具了"。

天天"哇"的一声号啕大哭，一旁的奶奶看得于心不忍，就过去安慰小孙子，可是越安慰哭得越厉害。此时天天的爸爸妈妈无奈地对视了一眼，儿子的"老毛病"到底该怎么办呢？

心理语言 是孩子的好奇心和求知欲的一种表现

相信很多家长都面对过孩子的"破坏行为"。其实，从儿童心理发展的过程来看，这是孩子学习探索的一种表现，他们并非故意在"破坏"。当孩子看到玩具汽车会跑、玩具飞机会飞时，他们会对这些事物产生强烈的好奇心。于是，他们就想努力通过自己的双手去寻找答案，看一看、拆一拆、摔一摔，看看里面究竟是怎么回事。这是孩子的好奇心和求知欲的一种表现。

专家指导 具有宽容心态并引导孩子思考

既然"爱拆东西"是孩子成长阶段的正常行为，那么，对于孩子这样的"破坏"，家长又该如何应对呢？

1. 要有宽容的心态

父母应该认识到破坏的过程就是学习的过程，面对孩子的"破坏行为"时，不必限制，也不必为此沮丧、发脾气，更不能说出"不许再把玩具拆了，不然下次就不给你买了"之类警告或是威胁的话。要知道，家长的批评和威胁很可能会扼杀孩子可贵的探索精神，浇灭孩子对事物的好奇与兴趣。

2. 尽量鼓励并参与孩子的"创作过程"

孩子的"破坏过程"，是一个手、眼都在活动的过程，这对促进孩子思维的发展是极为有益的。鼓励孩子适当地"破坏"就是在鼓励孩子的创造力，保护并培养孩子对更多事物的探索兴趣。因此，当家长看到孩子拆心仪之物时，不妨蹲下来参与到孩子的活动中，和孩子讨论一下，并跟随孩子一起把拆开的物品恢复原样。

3. 有意识地创造条件，引导孩子思考

在鼓励孩子的"破坏行为"之余，家长还要多提些问题让他们去猜、去想。比如，看到皮球一拍就跳得很高，家长可以问："如果把气放了，还能跳那么高吗？"看到闹钟滴滴答答地走，家长可以问："闹钟为什么会响，为什么会走呢？"不过，家长提出问题后，还要主动带领孩子从"破坏"中寻找答案，这样才能进一步引发孩子的思考。

喜欢玩锅碗瓢盆，敲敲打打锻炼协调性

行为表现 倒腾厨房里的锅碗瓢盆

婷婷是一个4岁的小女孩，最近一段时间以来，她喜欢上了厨房里的锅碗瓢盆，对发出"叮当叮当"响声的锅碗瓢盆更是情有独钟。

每一次，婷婷都会模仿大人的样子，张开粉嫩嫩的小手去抓她可以够得着的锅盖。有时候，她一拿就拿动了，然后对着锅碗瓢盆笑个不停；有时候，她压根就没拿住，当锅盖掉到锅上，发出清脆的一声时，她会马上再捡起锅盖，再松手，再捡起锅盖。就这样，婷婷不停地玩弄锅盖，听锅盖发出的声响。这种反反复复的动作总是让她乐此不疲，哈哈大笑。有几次，婷婷竟然会把一个瓢拿在手里玩一个小时，而她自己一点儿也不会厌倦。

但是，有一次，婷婷的手不小心被小锅盖弄伤了，虽说问题不大，但是妈妈火冒三丈，不由分说地朝她的手臂"啪"地拍了一下。

婷婷"哇哇"大哭起来。

从此之后，婷婷就再也没有摸过锅盖，再也不敢轻易踏进厨房半步了。

心理语言 敲敲打打锻炼协调性

玩耍是大自然赋予孩子的一份特殊礼物，即便是刚出生的小宝宝，还没有说话、走路以及自理的本事，大脑却已具备了归纳、提炼、认知的能力。而这种与生俱来的智慧是需要与自由自在地玩耍相结合的，这样孩子才能按部就班地健康成长。因此，家长与其劝说孩子乖乖地坐在那里，跟着大人念书、认字、背诵诗词，还不如在保证孩子安全的前提下，让不安分的孩子们到处去探索、攀爬、触摸……事实上，这样玩有助于孩子认知日常用品的模样、质地和手感，观察它们的用途，体会它们彼此之间的关系，而且孩子敲敲打打的动作，也能锻炼他们的协调性，开发他们解决问题的能力。

也许，对家长来说，让孩子自由玩耍的确比较麻烦，既需要我们事后认真地收拾和洗刷，又需要我们巧妙地引导和保护。但是，家长可想过：你的费心和耐心换来的却是孩子身心健康的发育和成长。如果我们怕麻烦、没耐心，将孩子的玩耍视为调皮捣蛋，阻止孩子的玩耍，那样我们只会阻止他们思维的发展，妨碍他们智力的进展。最终，只会阻碍孩子的成长。

专家指导 与孩子一起玩生活游戏

　　不过，支持孩子玩生活用品，并不等于什么东西都允许孩子玩，而是要根据孩子的需求和爱好，给他们准备一些生活素材，让他们动，让他们玩，以满足孩子的成长需求。以下几种生活游戏值得让孩子玩一玩，特别适宜年幼的孩子。

1. 筷子敲碗的游戏

　　家长先给孩子准备几个大小、材质不同的碗，再准备一双筷子，然后将碗一字排开摆放在桌子上，让孩子随意地敲击。因为敲不同的碗会发出不同的声音，所以，家长要引导孩子试着总结不同的碗敲出的声音有哪些特点。与此同时，家长还可以让孩子边哼儿歌，边敲击不同的碗，从而演奏出不同的节奏和韵律。这个亲子游戏能够训练孩子的韵律感和听觉能力。

　　不过值得注意的是，在吃饭的时候，最好别让孩子拿筷子敲碗，并告诉孩子这种行为是不礼貌的，尤其是在别人家做客时，就更不能这么做，要让孩子明白这意味着对主人的不满，也是缺乏教养的表现。

2. 和孩子打水仗

　　家长先准备两个盆子，并将它们装满清水，然后，把盆子放在孩子能把水拍出的地方，然后和孩子打水仗。这种游戏需要两个人玩，或是父母参与进来，或是让孩子和小朋友玩。当然，这个游戏在夏天玩最适合不过了。

总之，在孩子摆弄锅碗瓢盆的过程中，家长要始终抱着一种接纳和欣赏的态度，这样才能让孩子从平常的生活中寻找到快乐，才会让孩子玩得开心，越玩越聪明。

宝宝爱爬高，感知空间和探索视线以外的世界

　　牛牛今年刚满4岁半。从小到大，牛牛就是一个调皮捣蛋的孩子，常被大人戏称为"小猴子"。的确，只要有他在的地方，没有一刻会安静下来。

　　最近一段时间，牛牛对"爬高"产生了浓厚的兴趣，饭桌、沙发靠背、床上的栏杆，这些东西在牛牛看来都像大山一样充满着无限的吸引力，诱惑着他毫不犹豫地迈开自己的小脚丫。

　　这一天，牛牛的爸爸发现儿子又搬着小板凳爬书柜了，看那架势，他还想攀着书柜爬上阁楼。看着儿子做如此高难度的动作，刘先生真担心儿子会从高处摔下来。

　　"牛牛，你这样做太危险了，以后不能再往高处爬了啊！"每每看到牛牛做出的"壮举"，父母总是替他担心不已。可是，牛牛面对

如此的教导，反倒撇嘴，等父母看不见的时候，他又会搬起自己的小板凳，开始寻找下一个"爬高"的目标。

心理语言 感知空间，探索视线以外的世界

一般来说，蹒跚学步的孩子对于爬高往往有着极为浓厚的兴趣。这该如何理解呢？

1. 爬高可以证明自己的存在，探索视线以外的世界

两岁左右的孩子精力旺盛，喜爱运动，好奇心强烈，而爬高恰恰能够帮助他们探索视线以外的世界，帮助他们证明自己存在的心理。因为在孩子看来，自己爬得越高越能向父母证明：自己是个勇敢的孩子，渴望得到父母的赞许和肯定。

2. 爬高是孩子感知空间发展的一种能力

爬高是孩子最典型的感知空间发展的一种能力，当孩子经过一次次的尝试，发现自己能够把握这一空间高度时，就会再一次去探索更高的空间。正是这一点决定了长大后的孩子对这个世界的探索能力。

3. 缘于孩子想和大人"平起平坐"的心理

孩子与大人彼此身高上的差距会在无形中影响孩子敏感的神经，认为自己应该站在同一高度和大人交流，于是，就产生了和大人"平

起平坐"的心理。这就需要通过爬高来达到目的。

专家指导 安全第一，满足孩子的攀登欲望

很显然，孩子爱爬高的天性是不容易遏制的。那么，在孩子的成长之路上，父母该如何做，才能让孩子的成长过程更顺利、更有收获呢？

1. 满足孩子攀登的欲望

比如，家长可以利用闲暇时间，带孩子到户外踏踏青、登登高，让孩子在欣赏美丽风景、陶冶情操的同时，满足他们的爬高心理，可谓一举多得。

2. 保证孩子安全

在保证安全的前提下，帮助孩子探索这个全新的世界。请记住：孩子的成长过程就是不断地探索、不断地开发自我的过程，家长应该尽可能地给予他们鼓励和肯定。

孩子不爱吃饭，强迫进食反而会使其产生抵触情绪

行为表现 不好好吃饭，对吃饭不感兴趣

　　浩浩小的时候，对吃饭总是没有太高的兴致。

　　有时候，为了让浩浩吃饭，爸爸妈妈就先打开电视机，用一个不锈钢碗盛了饭菜在电视机前喂，就这样，浩浩会一边看电视一边张嘴接饭。不过，有时候即便饭菜已经含在嘴里，小家伙还是不往下咽。

　　有时候，每餐的前半碗是浩浩自己吃，吃着吃着就溜下去玩了，大人只好追在孩子后头喂。往往是玩一会儿玩具，吃一口饭，再玩一会儿玩具，再吃一口饭。就这样，浩浩一边吃一边玩，直到完成"任务"，每天吃饭就要花四五个钟头。

　　有时候，浩浩会大发脾气，一把将妈妈端着的小碗掀翻在地上，大声喊道："不吃，我就不吃！"耐心十足的妈妈只好乞求孩子再吃一点儿，可是，即便如此，孩子似乎一点儿都不领情，说翻脸就翻脸。

现如今，让孩子吃饭简直成了一家人最头疼的事情。

心理语言 强迫进食，孩子会产生抵触情绪

孩子不好好吃饭是一个普遍的问题，这几乎是让不少家长感到头疼的事。吃饭，原本是人的本能，饿了自然会吃，为什么在孩子这里就变得这么难呢？

除了疾病因素之外，孩子不好好吃饭纯粹是家长过于担心，给了孩子压力引起的。如果孩子某一顿饭少吃了一点儿，家长尤其是一些老人就会担心：孩子会不会是生病了？孩子会不会营养不良？孩子这么瘦，不多吃点儿不是更瘦？于是，每每在饭桌上，家长就会劝说孩子"把这个吃了，把那个吃了"。孩子不愿意吃，家长就强行喂。时间久了，孩子面对吃饭，如临大敌。只要家长劝说孩子进食或强迫孩子进食，他们就会产生抵触情绪，不爱吃饭就是理所当然的了。

此外，大人追在孩子身后喂，也是弊端多多。一来，边玩边吃会让孩子养成三心二意的习惯，做事情或学习不会专注；二来，也不利于培养孩子的独立性，使其非常依赖家长喂，不愿自己动手。

专家指导 以身作则并做出可口的饭菜

了解了孩子吃饭难的原因后，有哪些高招可以让孩子爱上吃饭呢？聪明的爸爸妈妈们不妨看看下面几个招数。

1. 家长以身作则

孩子是最喜欢模仿的，家长要以身作则，做好榜样。比如说，家长可以让孩子和大人一起坐在餐桌边进餐，让孩子心中形成一种意识：坐在餐桌边才可以吃饭，而且吃饭要一心一意，不能玩玩具或看电视。家长要避免挑食，也不要在孩子面前说某某食物不好吃，这样孩子才不会受此影响，间接养成偏食的习惯。

2. 烹制饭菜时要经常变换菜的种类和口味

家长把饭菜做得味香色美，有助于激发孩子的食欲。对于稍大一些的孩子，还可以引导并鼓励他们参与烹饪的全过程，因为孩子对自己做的东西会格外感兴趣，所以吃起来也会更香。如果可以，最好给孩子讲解食物的营养和功能，让孩子对食物和吃饭产生更浓厚的兴趣。

其实，让孩子爱上吃饭的方法远不止这些，而真正用对了方法，也并不是难事。

孩子不愿意刷牙，自我独立意识增强的结果

行为表现 拒绝刷牙

　　3岁的乐乐年纪虽然小，却一直很有自己的主张，喜欢什么，不喜欢什么，他都分得清清楚楚。每天在刷牙这件事情上，尤其让爸爸妈妈伤透脑筋。

　　很长一段时间，每当乐乐在卫生间刷牙时，总能听到母子俩的这段对话。

　　"乐乐，刷牙了没？"妈妈问。

　　"刷了。"乐乐痛快地答道。

　　"刷了？"妈妈似乎有点儿怀疑，继续问。

　　"真的刷了。"乐乐肯定地答道。

　　"真的刷了？"妈妈又怀疑了，继续问。

　　"真的刷了。"乐乐还是那么肯定。

"来，让我看看。"妈妈来到乐乐身边说。

"嗯！我不要刷牙。"乐乐哼哼唧唧地说着。

看来，这一次的刷牙行动又失败了。

心理语言 "我能行，我长大了，没有必要按照大人的想法去做事了"

生活中，相信不少家长和孩子都有过类似的经历吧。对刷牙洗漱的问题，特别是对3岁左右的孩子，每次都要和他们"战斗"一番。为什么孩子喜欢说"不"？为什么孩子喜欢和你作对？是孩子哪里出了问题吗？

事实上，不是孩子故意和你作对，也不是孩子出了问题，是因为他们进入了成长过程中的第一个"反抗期"，而他们的"反抗性"行为只是想闹独立。当孩子从婴儿期向儿童期过渡时，随着身心状况的发育，他们会逐渐发现自己已经能自如地走来走去，这样他们就可以到自己想去的地方，再也用不着依靠大人的力量。而且，孩子还发觉自己能用说话的方式表达自己的想法。毫无疑问，伴随着这一能力的出现和迅速增长，孩子的自信心也被渐渐树立起来了。

此时的孩子盼望自己能快快长大，期待向别人表现"我能行，我长大了"的一面。因为这个时候的孩子已经确信无疑：自己是独立于爸爸妈妈的个体，不再是大人的附属物，所以，他们当然没有必要按照大人的想法去做了。于是，在你面前的他，才会"不、不、不……"个不停。

除此之外，有些家长把刷牙看得很紧张，一看到孩子刷牙姿势不对，或是没有按时刷牙，就恼火生气，这样反而让孩子变得紧张、害怕。其实，刷牙就像吃饭一样简单自然。当孩子到了一定的年龄时，自然就能心领神会这些精细动作了。

专家指导 找出原因以鼓励为主

一般来说，孩子3岁以后就应该养成良好的刷牙习惯，可偏偏有些小孩不喜欢刷牙。为了不让小乳牙被蛀虫安身为家，爸爸妈妈当然需要一些智慧和耐心了。

1. 认识到孩子说"不"的原因

有时候，孩子说"不"是有原因的。解决问题的关键在于找出孩子为什么说"不"。要不然，不但问题解决不了，甚至还会导致说谎情况的发生，而亲子之间的关系也会在一次又一次的冲突中走向冰点。以故事中的乐乐为例，当孩子露出独立的苗头，有了自己的意愿时，爸爸妈妈一定要尽量满足孩子独立的需要，以及爱与保护的需要。而一厢情愿地跟孩子讲道理，让孩子明白刷牙有多重要，基本上就是对牛弹琴。

2. 坚持循序渐进

教孩子自己刷牙，爸爸妈妈不要指望孩子马上就能学会全部。刚开始，爸爸妈妈可以鼓励孩子模仿成人的动作练习使用牙刷和杯子，让孩子对刷牙感兴趣。等孩子对刷牙有了兴趣，再逐步告诉他们刷牙的动作要领。

3. 对孩子要以鼓励为主

任何生活习惯的培养，都应以正面引导的方式进行，这样才能让孩子愉快地接纳，刷牙也不例外。在孩子喜欢模仿成人的各种活动的阶段，家长一定要抓住这一培养孩子学习基本生活技能的大好时机，适时适宜地鼓励孩子模仿，并给予必要的操作指导，而且自始至终都要坚定不移地相信，在你耐心和细致的引导下，孩子一定会变得越来越能干。

除此之外，家长还可利用孩子爱模仿的特点，全家人进行一次刷牙比赛，看谁刷牙的泡泡多，以起到良好的示范作用。

家有"赖床宝宝"，问题在于父母本身

行为表现 早上赖床不起

闹钟响了，熟睡的妈妈敏捷地翻身起床，可是，隔壁儿子成成的房间却一点儿动静都没有，"是儿子没有听见吗？"

妈妈站在儿子床前，轻轻地说了句："起床了。"成成只是翻了个身，便把他的小屁股对着妈妈。

"起来了，快点！一会儿又要迟到了，听见没有？快点！"看到儿子纹丝不动的样子，妈妈着急了，赶忙用手推了推儿子。

这时，成成的睡意已经渐渐被赶走了，开始有了反应。看样子他已经同意起床了。于是，妈妈语气缓和地说："起了啊，妈妈给你准备早餐去。"

忙了一阵后，根本没看到儿子起床刷牙洗漱，妈妈只好再次回到他的房间。让她好气又好笑的是，成成依然在床上香甜地睡着。

妈妈见了，眉头紧皱，使劲地晃动儿子。这一次，成成的睡意再次被赶走，眼睛微微张开一条缝，含糊不清地说："再让我睡5分钟，一会儿就起，好妈妈。"妈妈早就知道孩子的话一定不算数，于是，硬把儿子拉起来，给他穿上衣服，把他拉下了床……

心理语言 赖床的问题在于父母本身

这种场景相信很多宝爸宝妈都经历过，孩子早上赖床不起，真是干着急没办法。也许，不少爸妈也意识到没必要对孩子大呼小叫，可是，孩子为什么会这样呢？

1. 父母赖床的不良暗示

如果父母赖床不起，这种现象也会无形中传染给孩子，渐渐地，孩子也会赖床不起。这就是"近朱者赤，近墨者黑"的道理吧。

2. 硬性纠正赖床只会让孩子更抵触

孩子毕竟是孩子，和父母的生活习惯是不一样的。而一旦赖床，父母就会用不耐烦的语气批评、责怪孩子。当孩子带着这种心情从被窝里爬起来时，他的情绪可想而知，磨蹭、抵触自然也成为顺理成章的事情。

3. 补觉让孩子起床更磨蹭

孩子上学起床早很辛苦，父母都心疼孩子，于是在周末或者假期随便孩子自由自在地睡个够。其实，这样做只会让孩子养成睡懒觉的习惯。一旦上学，很难马上习惯早起，自然便会磨蹭了。

专家指导 营造轻松愉快的起床氛围

如果你还在为孩子起床而发愁，不妨看看下面这些宝贵的经验吧！

1. 准备一个可爱的闹钟

相比被父母的叫喊声唤醒的不悦感，不妨给孩子买个可爱的闹钟，让他挑选自己喜欢的铃声。当孩子听到心爱之物发出的声音时，相信自然会有起床的意愿。

2. 营造起床的气氛

叫孩子起床时，可以播放轻松的音乐，或是放些孩子喜欢听的故事CD，氛围轻松愉悦了，自然会缓解孩子被吵醒的不快。

3. 理清先后顺序

父母起床后先把自己的事情处理好，再叫孩子起床，这样家长就不用一边急着处理孩子出门前的准备工作，一边还要忙着整理自己上班前的琐事了。事实上，这样做不但节省了不少时间，而且亲子关系也不容易产生摩擦。

其实，改善孩子赖床坏习惯的方法远不止这些，只要爸爸妈妈在日常生活中认真地思考，耐心地对待，总能找到最适合孩子的好方法。

不愿自己穿衣服，因父母帮孩子做了本该他做的事情

行为表现 要妈妈帮忙穿衣服

琪琪是个3岁半的小女孩。一天，一家人正准备外出游玩。

妈妈找来一条漂亮的公主裙交给琪琪，让她自己换上，接着就去忙其他事情了。后来，眼看爸爸妈妈都收拾妥当了，小公主琪琪还坐在床上，自顾自地玩着。

看着妈妈疑惑的眼神，琪琪反倒振振有词、理直气壮地质问："妈妈，您怎么还不给我穿衣服呢？"

妈妈被女儿理所当然的口气惊呆了。但是，转瞬间，妈妈又想：不对呀，女儿已经完全能自己穿衣服了，这件事应该是她"分内"的事，而不是我的事。她应该对自己没有穿好衣服负责，而不是由大人来负责啊。

琪琪妈妈越想越觉得不对劲儿，想想看，琪琪刚学吃饭的时候，

非要自己吃；蹒跚学步的时候，非要自己走；刚学穿衣脱袜的时候，又非要自己来。可是，为何现在的琪琪竟然会那么理直气壮地来质问大人呢？

心理语言 父母帮孩子做了本该孩子自己做的事情

正常情况下，3岁的孩子完全可以自己穿衣服，自己能做的事情自己做，而生活自理恰恰是孩子走向独立的开端。

一个进入自理阶段的孩子，如果不能掌握基本的自理技能，或是思想上非常依赖他人，就不能获得最大限度的自由，也不能走向独立。不仅如此，父母处处代劳孩子的事情，不放手，不相信孩子，担心孩子吃不好、穿得慢、洗不干净，孩子当然也就无法做到自理。

有时候，家长因为赶时间或是嫌麻烦或是心有担忧，就会偶尔帮孩子做本该他们自己做的事情，比如，给孩子喂饭，帮孩子穿鞋，替孩子收拾玩具，等等。

其实，小孩子就是这样，有挑战性的事情对他才有吸引力，一旦这件事情失去挑战性了，他就不感兴趣了。所以，在孩子相应的敏感期，给予他们足够的机会来练习，并且趁热打铁地让孩子坚持一段时间，相信只要你努力付出，他们"自己的事情自己做"的习惯就能很容易养成。反之，如果没有把握住这个敏感期，事后再去弥补，难度恐怕就会大很多。

所以，为了孩子将来能够更好地立足社会，家长更应该重视孩子自理习惯的养成。

专家指导 自身做好榜样，培养孩子的独立生活能力

既然"自己的事情自己做"的意义非常重大，那么，家长就应该在孩子幼年时培养这一习惯，要不然等孩子大了就难以纠正了。

（1）家长要了解孩子在各个年龄段的生活能力培养的目标要求。比如，3~4岁时要会用勺，4~5岁时要学会使用筷子等，这样才能使孩子学会更多的本领，逐渐提高他们独立生活的能力。

（2）丰富孩子独立生活的经验。家长要给孩子更多练习的机会，让他们学会做更多的事情。比如，孩子鞋带开了，家长不要急于弯腰给孩子系好，而要教会孩子方法和技能，教孩子克服困难，自己学会系鞋带。

（3）家长要做好孩子的榜样。孩子渴望模仿成人，成为像父亲、母亲、老师一样的人，因此成人是孩子学习的榜样，是孩子的第一任老师。所以，家长要处处以身作则，用自己的行为去影响教育孩子。

与此同时，家长一定要意识到由于孩子能力有限，虽说也有自己做事的愿望，但是还做不好，这时大人要给予帮助和指导，不能张口就斥责，也不能出手"相助"。而且当孩子做对了的时候，家长要及时给予恰当的鼓励。

▶ 互动问答

问

我儿子上小学一年级，脑子挺聪明的，但是无论是做作业还是干其他事情，都喜欢磨蹭，任凭父母怎么催促，怎么批评都改正不了。以后长大了是不是改不掉了？我们真是愁死了。

答

这种做事磨蹭的现象是许多孩子的共性，家长不必过于着急和惊慌，下面的一些办法可以帮助搞定孩子的磨蹭问题：

1. 1分钟专项训练

准备几十道简单的加减法口算题，找一些笔画和书写难度相当的生字和十来组阿拉伯数字，看孩子在1分钟内最多能算出几道题，写出多少个字和几组阿拉伯数字。记下每次的情况，并进行对比。

以上训练能让孩子体会到时间的宝贵，让他明白原来1分钟可以做很多事情。同时也能提高孩子的写字速度和做题的速度。训练时以1分钟为一组，每天练习3~5组。练习时间以一星期为宜。

2. 停止催促，坚持表扬

孩子做事情磨蹭的时候，很多家长喜欢喊，不断地催促，结果是越催促，孩子的动作越慢，家长就更生气。事实上，父母应当在孩子做某件事情的速度快时，就表扬他。比如，"现在穿衣服快多了！""现在收拾书包快多了！"只表扬，不提孩子做得不足的地方。通过表扬，能激发孩子内在快的动力。

3. 节约的时间由孩子自由支配

很多家长为了孩子成长，把学习的时间安排得满满的，孩子一点儿自己自由支配的时间都没有了。所以，孩子一边学一边玩，故意磨蹭。因此，家长应把每天老师布置的作业做一个大概的时间估计，一定要给孩子留下休息的时间（自由支配的时间）。如孩子提前完成了，余下的时间就必须由孩子自己支配，让孩子做自己喜欢做的事情。养成这样的习惯以后，孩子会抓紧时间完成作业，因为早写完就有很多时间玩了。

问

我家儿子吃饭是一家人头疼的大事。当儿子吃饭时，他不爱吃的菜都挑在桌子上，什么青菜啊，黄瓜啊，肥肉啊，等等，每次都这样。儿子的身体越来越瘦弱，体质也越来越差，这个问题一直困扰着我们。为什么孩子吃饭总爱挑食呢？

答

孩子处于生长发育的旺盛时期，偏食、挑食都会造成不可估量的危害，孩子一旦有了挑食的行为，家长应该足够重视并及时纠正。如果一味地顺从，将会影响孩子的身体健康。

1. 家长饮食的偏好间接影响孩子

如果家长有挑食的习惯，经常在孩子面前说这种食物不好吃，那种食物味道不好，时间长了，孩子也会跟着大人学，间接养成了偏食、挑食的坏习惯。

2. 饭菜单调重复，导致孩子食欲降低

有些家长可能是不善于烹饪，或是没有注意饭菜的颜色搭配和形状外观，每天的饭菜没有太大的变化，让孩子吃同样的食物，导致孩子对某种食物感到厌烦，食欲降低。

3. 父母溺爱，有求必应

父母过度地骄纵、溺爱孩子，对孩子有求必应，拼命地满足孩子的需求，食物稍微不合口味，孩子就拒绝进食，这样会导致恶性循环，使孩子的口味变得越来越挑剔。

以上说的是孩子爱挑食的原因所在，家长应该引以为戒，慢慢改正孩子爱挑食的坏习惯。

问

我女儿今年刚上初一，晚上害怕独自睡觉，以前小学的大部

分时候都与大人睡在一起。我和她讲过道理，说好陪她睡着以后就可以，但如果半夜醒了她就会叫我们，说怕黑、怕孤单。孩子渐渐长大了，跟大人睡一起肯定不行了，但她又不敢独自睡觉，所以我们感到很为难。孩子为什么害怕独自睡觉呢？

答

对父母的依恋几乎是儿童的本能。在与孩子分床睡的过程中，孩子往往会舍不得离开父母，一旦独睡，很容易就会产生恐惧症。对孩子的成长来说，父母越早和孩子分床睡，对培养孩子的独立性就越有好处。

孩子的独立并非自然而然形成的，这需要家长有意识地培养。父母应积极引导孩子独立入睡，采取合理的步骤，循序渐进，让孩子逐渐适应。

1. 习惯分床睡

父母把孩子的小床放在大床旁边，待孩子睡着后再把他单独放到小床上，让他逐渐习惯在自己的床上睡觉。

2. 训练独自入睡

父母要给孩子充分的爱抚，让他感到安全；给孩子讲故事或播放舒缓的音乐，让孩子平静下来，然后他就会慢慢入睡。

3. 适应独睡一屋

给孩子布置一个温馨别致、充满童趣的"童话小屋"。墙上贴一些爸爸妈妈的照片或者孩子喜欢的卡通图片，这样孩子就会减少孤独感和恐惧感，安然入睡。

4. 鼓励赞扬孩子

对孩子进行适当的鼓励和赞扬，对培养孩子的独立性也很有必要，这样既能保护孩子的自尊，又能增强他独睡的勇气和信心。

总之，对孩子的独立自主的培养要趁早，也要注意方法。

第 三 章

了解孩子学习方面的行为，培养孩子
自觉的好习惯

每个孩子都有各自的性格特点，教育方法应该是灵活多样的。儿童阶段正是孩子贪玩的年龄，好玩、好动是他们的天性，他们往往管不住自己。所以，家长在培养孩子爱好学习方面不要忽略孩子的年龄特征和心理特点，而要根据实际情况，跟孩子多了解、多沟通，与老师密切配合，对孩子科学地加以引导，才能共同促进孩子在良好的学习环境中健康成长。

孩子不愿意去幼儿园，离开父母产生入园焦虑

行为表现 找种种理由不去幼儿园

　　慧慧是一个3岁半的小女孩，今年9月份刚开始上幼儿园。可是，在这一个多月的时间里，慧慧每天早上一到幼儿园，就大哭一场。很多时候，她还会边哭边央求妈妈："妈妈，我不去幼儿园好不好？我就在家学习，还可以陪你。"

　　这时候，妈妈总是想办法给她讲道理，经常是长达十几分钟甚至是半小时的软硬兼施，才能把女儿带得出门。然而，一旦慧慧走进幼儿园门口，还总是不忘对妈妈说："妈妈，你记着中午来接我，一定要来接我哦。"

　　当老师问慧慧："为什么不愿意来幼儿园啊"，她马上就不高兴起来，尖叫一声后，就自顾自地玩去了。其实，不只是慧慧如此，在她所在的幼儿园，只要有一个小孩哭了，班里的其他孩子就会跟着一起哭。

最近，慧慧突然向爸爸妈妈提出不愿再上幼儿园。任凭家人如何哄劝，只要一提幼儿园，她就哭闹不止。这几天，妈妈早上送她上幼儿园，她不是说肚子疼就是说牙痛，甚至抗拒吃饭，搞得一家人束手无策。

心理语言 离开父母产生入园焦虑

初上幼儿园的孩子，有个共同的爱好，那就是哭。那么，为何大人一提上幼儿园，孩子就会哭个没完没了呢？对此，家长一定要理解宝宝的入园焦虑。

宝宝初次入园时，由于对周边环境和刚刚接触的人感到非常陌生，往往会产生恐惧感和无助感，从而整天大哭大闹、吵着回家，或是一个人沉默寡言，出现一系列的负面情绪。其实，孩子的这种心理严重与否，取决于他是否和父母建立起稳定、安全的依恋关系。

事实上，如果孩子从小和父母建立了安全的依恋关系，他的安全感就比较强。当孩子拥有了这种安全感后，即便和父母短暂分离，他们也能在陌生的环境中克服焦虑和恐惧，更积极地探索周围的新鲜事物，尝试接近陌生人。

然而，现实生活并非如此理想，很多父母忙于事业，常常忽视孩子的情感需求，亲子关系自然不佳。一旦孩子缺失这种安全依恋关系，就会表现得胆小害怕、呆板迟钝、不善交际，甚至出现远离集体等退缩性行为，有的甚至表现出固执、冷漠、粗暴的一面，而这些性格特质非常不利于孩子和别人的正常交往。

再加上家长对孩子呵护有加、溺爱无度，这样势必使他们的依赖性增强、独立性变差，很难适应外界环境，而这也是导致孩子出现分离焦虑的原因之一。

对孩子来说，初次入园是一个突然的转变。他们在毫无准备的情况下，就被家长送进了一个完全陌生的环境，他们不知道自己做错了什么事，也不知道将要发生什么，对任何人都不感兴趣，他们只是疑惑"为什么大人要抛弃我？"而他们唯一能做的就是用哭来反抗。对此，家长应给予充分的关注和理解，学会接受孩子的哭。要知道，哭是孩子的权利，是孩子的需要，更是孩子成长过程中必不可少的感情诉求。面临孩子的入园焦虑，家长和幼儿园老师不应阻止或杜绝孩子的哭声，而应帮助他们更快地适应幼儿园生活。

专家指导 提前熟悉幼儿园新环境

现在家长们已经明白了孩子不愿意去幼儿园，是因为离开父母产生了入园焦虑导致的。那么，家长应该从哪些方面入手来缓解孩子的不安和焦虑呢？

1. 帮助孩子熟悉新环境

孩子入园前，家长要先带孩子到幼儿园熟悉一下环境，参观幼儿园的教室、卧室和活动室等各种场地，让孩子逐步适应幼儿园的各种新环境，从而增强孩子对幼儿园的熟悉感和亲切感。

2. 坚持接送孩子

有些家长看到孩子哭得撕心裂肺就不忍心把孩子往幼儿园送，这等于告诉孩子只要哭就可以不去幼儿园。这样只会在无形中强化孩子的不良行为，以后再送会更难。另外，接孩子一定要按时。如果经常过迟，只剩下孩子一个人，他更容易出现焦虑情绪。

3. 让孩子多与其他小朋友交往

多让孩子与社区里别的小朋友一起玩，而不是把他一个人关在家里；每天有意识地给孩子独处的时间，让孩子知道大人走了还会回来。此外，家长还要加强与老师的信息联系和感情交流，入园时向老师介绍孩子的性格及其在家的生活习惯，便于老师掌握情况并进行教育。

除此之外，家长不要经常向孩子唠叨"要听老师的话"之类的话，这样很可能让孩子产生上幼儿园会失去自由的恐惧，而是要经常和孩子讨论有趣的幼儿园生活。

孩子胡乱涂鸦，是最原始的创造活动

行为表现 孩子喜欢拿笔到处乱画

聪聪2岁多了，不知从什么时候开始，聪聪喜欢拿着笔到处乱抹乱画。如果妈妈一直盯着，他就会按照妈妈的指示在纸上画。可是，妈妈一不注意，他就开始到处乱画了，衣服上、床单上、沙发上、墙壁上……无一幸免。

妈妈看着聪聪的"作品"，感到很无奈。于是，她拉着聪聪的小手，很严肃地对他说："儿子，不能再乱写乱画了哦！"聪聪点头答应了，可是妈妈做完家务，转身一看，家里仍然被他画得乱七八糟。

面对儿子的屡教不改，妈妈感到烦恼不已。

心理语言 涂鸦是宣泄自己的情绪，是最原始的创造活动

相信很多父母都有过聪聪妈妈的经历，孩子喜欢拿着笔到处乱涂乱画，父母们一再制止，孩子们却屡教不改。孩子喜欢乱涂乱画，在家长看来，这只不过是随随便便地乱涂，根本就是无意义的混乱线条或图案，似乎没有任何价值。因此，面对孩子乱涂乱画，很多家长容易采取不正确的态度或方式，要么对孩子进行责备批评，要么武断地剥夺孩子乱涂乱画的权利，阻止孩子继续乱涂乱画。

孩子这种乱涂乱画的行为，其实有个好听的名字，叫作"涂鸦"。这里还有一个来历呢。据说唐代诗人卢仝的儿子自幼喜欢涂抹诗书，常把书弄得一团糟。为此卢仝赋诗戏曰："忽来案上翻墨汁，涂抹诗书如老鸦。"这本是卢仝对儿子乱涂乱画顽皮之行的一句描写，后人却从此诗句里得出"涂鸦"一词，意为随意写作或绘画。

诗人卢仝也不明白孩子的这种做法。其实，对孩子来说，涂鸦是一种很重要的表达方式，也是一种对孩子身心发展非常有意义的活动。涂鸦是幼儿脑、眼、手动作密切结合的一种活动，它对孩子手、眼、脑的协调配合，增强脑、眼对手的指挥能力，有着巨大的促进作用。同时，孩子不仅能从涂鸦中获得动作的快感和满足感，还会因纸上出现的线条而欣喜和惊奇，由此有可能使孩子对绘画产生兴趣。

其实每个孩子都是天生的"小画家"，都对随意、尽情地"涂鸦"情有独钟。画面上不规则的圆圈、弯曲的线条显示出，孩子最初的涂鸦是没有任何表现意图的，只是他们的感知和动作有了一定的发

展和协调之后，对环境做出的新探索。

当孩子渐渐有了自我意识后，就会通过画画来宣泄自己的情绪，表达对身边事物的理解和看法。所以说，涂鸦是孩子发泄自己内心情绪的过程，是最难得的童心流露，是最原始的创造活动。虽然在大人眼中是捣乱，但是正是因为有了再原始不过的涂涂画画，才会有将来惊人的创造力和想象力。

总之，艺术是内在自我和内在经验的一种外在表达形式，是可视的思想和情感。绘画是最直观的艺术表达形式，透过这面镜子，我们可以窥探到孩子内心的风景，体会孩子的情绪，理解孩子，并用更好的方式来爱孩子。

专家指导 保护孩子的创造力，给予适度的赞扬

孩子涂鸦时，正是他们发挥想象力的时候，即创造的时候。家长应该保护孩子的这种创造力，无论他们画了什么，也许是简单的一条歪歪扭扭的断线，也许是一个不够圆的鸭蛋，都要及时给他们鼓励，让他们对自己的创造能力保持自信。

所以，家长不要过多干涉孩子的涂鸦，要允许他们留下自己的"符号"。那是他们成长的见证，也是充满创造力的作品。

1. 正确认识孩子的涂鸦行为

当孩子1岁左右的时候，就开始进入了涂鸦期，此时期是孩子身

心发展的宝贵时期。家长千万不要把孩子的涂鸦行为看成一种破坏行为。当发现孩子在家里乱涂乱画时，不要责怪孩子，更不要遏制孩子的乱涂乱画行为，而应该观察、保护孩子的这一行为。

2. 给孩子提供合适的涂鸦场所

把儿童房里一整面墙都换成黑板，这大概是每一个喜欢涂鸦的孩子都非常向往的。孩子们可以在上面随意发挥创意，进行各种图案的创作，那样家长就不用担心白墙上出现各种清理不掉的涂鸦了。

3. 要耐心倾听、赏析

面对孩子的涂鸦，家长一定要耐下心来认真聆听孩子对涂鸦作品的解释，尊重孩子的表达，以此来了解孩子的内心世界。在听孩子表述时，要放松神情，脸上要露出微笑，并适时地引导孩子充分发挥想象力来阐述作品，而不要表现出不耐烦。

4. 要给予适度的赞扬

有时候，孩子画的一个点或者一条线，也许大人看了会感觉可笑，但在孩子看来却是妙不可言的作品。因此，当看到孩子的涂鸦作品时，家长千万不要瞎指导，也不要嘲笑孩子，而是应该蹲下来和孩子一起欣赏他的作品，并给予一定的夸奖。

5. 父母和孩子一起涂鸦

涂鸦是孩子另一种表达的方式，也是孩子成长中不可或缺的游戏。父母和孩子一起涂鸦，陪伴孩子，让涂鸦成为陪伴孩子一起玩耍的方式之一。这不仅可以保护好孩子的创意思维和画画兴趣，而且会令父母拥有与孩子共同探知世界的好奇心，这或许比语言的交流更有意义。

孩子乱丢玩具，可能是懒惰或缺乏秩序感引起的

行为表现 孩子乱丢玩具

　　成成已经上幼儿园小班半年了，父母总希望孩子能在成长的过程中，行为习惯方面也有进步。可是成成道理都懂，但依旧我行我素，不免让妈妈的心里着急。

　　一个星期六的早上，妈妈正忙于打扫卫生，看到成成那一堆乱丢乱扔的玩具，心情不免烦躁起来，但妈妈还是耐住性子，蹲下来对儿子说："成成，你看妈妈打扫卫生多辛苦呀，玩具是你自己的，你来收拾好吗？"只见他倒在沙发上，撒娇地对妈妈说："妈妈，我不会，您帮我收拾好不好？"妈妈顿时生气了，要把地上的玩具全部清扫出去。成成这才乖乖地收拾玩具，什么积木、餐具、拼图之类的也不分类，杂七杂八地堆在了一个大纸箱里。

　　但后来几天，玩具还是到处都是，成成又不收拾了。妈妈思来

想去，觉得用命令的方式去压迫孩子收拾玩具，效果不尽如人意。于是，妈妈请教其他的孩子妈妈，终于得到了一个好办法。

一天，妈妈下班回家，把成成叫到身边，对他说："成成，妈妈想到了一个好主意。"儿子好奇地问："妈妈，什么好主意啊？"妈妈说："你们幼儿园有餐厅是吧？其实我们自己家里也可以布置个小餐厅，这样你的小伙伴们来了，就可以一起开餐厅了。你先把所有玩具里面能够开餐厅的玩具都整理出来，可以吗？"成成一听兴趣来了，连忙说："好的，妈妈，我也要开一个餐厅。"于是，他很利索地把玩具中所有餐具类的都挑了出来，摆放得整整齐齐。

接着，妈妈又说："成成，咱们再开一家医院吧！"于是，成成又很快从一大堆玩具中找来了医院用的玩具，什么药罐子啊，药瓶啊，听诊器啊，病历卡啊，等等，统统摆放在一起。

妈妈看着儿子忙个不停，玩具摆得整齐有序，高兴地直夸儿子真棒。后来，成成参照着幼儿园的班级布置，在妈妈的帮助下陆续整理出了小小书吧、音乐区、娃娃家等。

当天晚上，爸爸下班后也夸奖成成做得真棒，成成可高兴了。经过爸爸妈妈们的引导，成成乱丢玩具的习惯好多了，一些小玩具偶尔有乱丢的习惯，妈妈稍稍提醒一下，他马上就会归类到属于那个玩具的区域。

看到儿子的进步，爸爸妈妈都很欣慰。

心理语言 因懒惰或没有秩序感而引发的一种行为

玩具是孩子的玩伴，能给孩子带来无比的欢乐，伴随孩子度过幸福的童年。因此，家长都乐意给自己的孩子购买玩具。但是，孩子玩完的玩具扔得到处都是，不少家长为此很苦恼，但又没有好的办法说服孩子。

其实，孩子乱丢乱扔玩具，是因为孩子懒惰或没有秩序感造成的。

从儿童成长的特点来看，4岁前是幼儿秩序感建立的重要敏感期，这个阶段需要在生活作息流程和日常习惯方面了解其秩序性，但如果父母不注意孩子秩序感的建立与培养，孩子就有可能无法建立好的秩序感，从而出现乱扔玩具的现象。

而且，这种行为多发生在家中，孩子在家玩耍时，将玩具丢来丢去，扔得到处都是，不想玩时也不收拾。当家长提醒孩子时，孩子高兴就收拾一下，不高兴就懒得收拾，最后常常是家长帮孩子收拾。

孩子爱丢玩具又不收拾的行为，与家长教养方式不当有关。

（1）对孩子过于溺爱，什么事都帮孩子做。时间长了，孩子必然养成懒散或依赖家长的习惯。

（2）家长不以身作则，爱乱扔东西，孩子跟着大人模仿，逐渐养成无序的生活习惯。

（3）孩子缺乏耐心。4岁的孩子相对来说比较缺乏耐心，孩子在玩完这个玩具后，就急急忙忙开始玩下一个玩具，没有耐心收好玩具。当所有玩具玩完后，又做别的事情去了，更没有耐心去收拾玩具了。

孩子玩了玩具四处乱丢是非常常见的现象，这也是让父母头疼的行为，经常是父母收拾好后，孩子又弄得到处都是。为了让孩子学会收拾，父母们也是费尽了心思，可是效果都不太好。究竟该如何让孩子懂得收拾呢？

收拾是一种生活习惯，也是一种兴趣，这需要在日常生活中慢慢地让孩子养成习惯或者让收拾成为孩子的兴趣。下面就说说父母该怎么做。

1. 父母以身作则，营造良好的环境

父母是孩子的第一任老师，一言一行都是孩子模仿的对象。如果要让孩子养成主动整理玩具的习惯，父母就要做到东西不乱放，什么物品放在什么地方，时间久了，孩子就知道把物品放回原处了。良好的环境氛围是习惯养成的基础，因此，父母要努力给孩子创造这样的环境，这样才有利于孩子良好行为习惯的养成。

2. 教会孩子整理、归类、摆放的方法

在很多情况下，孩子是因为不知道该如何整理或是摆放而放弃整理玩具的。因此，父母要告诉孩子玩具的整理和具体摆放方法，以方便下次取用。必要时父母可以给予适当帮助。同时，先和孩子约法三

章，告诉孩子如果不能自己收，下次就不能玩了，或拒绝给孩子添置新玩具以示惩戒。总之，父母在采取措施前要"先礼后兵"，而且要注意尺度，这样才能收到很好的效果。

3. 帮助孩子一起收拾玩具，达到言传身教

当孩子玩完玩具时，父母可引导孩子："让我们一起把你的玩具在箱子里摆放好，好吗？""让你的小车停在它的车库里。"然后一同收拾。同时还要给他讲为什么要这样做，时间长了，他就明白玩完玩具要收拾起来的道理了。

4. 把收拾玩具当成游戏，适时鼓励

游戏力求简单，可用竞赛方式，比如把玩具车开进小车库，把布娃娃放到床上，把积木装放进箱子里等。当完成一项任务时，模拟动物的声音、动作，给予孩子表扬鼓励，以激发他收拾玩具的兴趣。

5. 反复训练，持之以恒

习惯的养成有一个循序渐进的过程。父母要仔细讲解示范，通过一个个的活动，再加上手把手地教，让孩子在反复训练中形成习惯。特别是刚开始，父母一定要有耐心，通过不断强化，不断积累，才能让孩子做到持之以恒。

6. 适当惩罚，以儆效尤

在孩子玩玩具之前给孩子提要求，玩完以后要及时把玩具收拾好，如果孩子实在不愿意，就适当减少孩子玩玩具的时间或者减少孩子玩具的数量，作为"小惩罚"。当然，父母还可以和孩子一起制作一些玩具小标签，贴到玩具和玩具架上，让孩子对应标签送玩具回家。

孩子逃课，厌学的一种表现

孩子喜欢逃课

一位孩子妈妈谈到自己的儿子，忧心忡忡：

我儿子今年快10岁了，活泼可爱，聪明伶俐，但就是不爱学习。小学一到三年级还好一点。去年钢琴已经考过了级。今年年初开学说什么也不愿意去学校了，说是太难。今天居然逃学没去上课。数学考试不及格，回家不敢说，前两天上课作业没做，被老师留下来我才知道数学考了五十几分。他一直对我们说是老师出差了，不在，数学分数没有报。

现在他还学会了说谎。我觉得自己虽然不是天天看着他，可也是经常教育他，但是他自己就是不爱学习，经常逃课，一想到以后我就烦，这么小就不爱学，大了恐怕更难，我可怎么办啊？

心理语言 逃课是厌学的一种表现

孩子逃课，是比较严重的问题，其实，从根本上讲，这也是他们厌学的一种表现。有些孩子为了逃课，甚至会出现一些稀奇古怪的"病"，如发烧、呕吐、肚子疼、腹泻等。只要一去上学，这些病立刻就会出现；只要知道不用去上学，病自然而然就会好了。这种情况，是儿童逃课综合征的一种表现。

逃课基本上是很多孩子都经历过的事情。首先，我们来探讨一下孩子们为什么喜欢逃课。

1. 学习没兴趣

兴趣是最好的老师。学习没兴趣在孩子当中太常见了，很多学生都将学习当成一种负担，能逃就逃，能躲就躲，怎么能学好？家长要注意，家暴是不能解决根本问题的，打骂只会加重孩子的厌学情绪。你压着学、逼着学，孩子反而不配合，逆反、厌学这些毛病就来了。

2. 学习成绩差

有的孩子成绩比较差，因为父母只是用不断施压以及奖罚制度来要求、约束孩子，所以给孩子造成了沉重的心理负担和精神压力，于是令孩子逐渐对学习失去了兴趣，丧失了学习的信心，因而走上了逃课之路。

3．恐惧学校生活

孩子心理承受能力比较弱，他们有时候会因为恐惧学校的生活而逃学。比如，孩子与老师的关系不协调，老师常用罚站、严厉批评等方式对待孩子；也有的孩子因为胆子小，在学校经常受到其他同学的欺负，回家后又不敢告诉父母，为了躲避同学的攻击，只好采用旷课、逃学的方法。

4．受到外界的诱惑

孩子辨别是非的能力比较差，而且缺乏自制力，很容易受到诱惑而迷失方向，这也是导致他们逃课的重要原因。在逃课的孩子中，有相当一部分是受到了逃课的孩子或者社会上不良分子的挑唆、引诱。他们的"榜样"示范、言行教唆、物质引诱有可能导致孩子旷课、逃学。

孩子逃课，不仅学不到应有的知识，还有可能在外面与其他坏孩子一起做坏事。学校是学习的地方，无故逃课是不应该的，家长应及时联合老师采取适当的方式与方法，解决孩子逃课的问题。

专家指导 家长、老师要多关心孩子，提高其自信心

孩子逃课，通常是一系列问题的表现。根本原因可能是孩子在学校生活中遇到了挫折，也可能是因为家长对孩子的教育方法不得当。

现在的孩子生活条件好了，却有很多孩子不喜欢上学了，在学校里坐不住，总想着出去玩，有的都到了旷课逃学的地步，对教师和家长来说都是一件令人头疼的事情。如果孩子逃课，家长、老师该怎么办呢?

（1）提高孩子学习兴趣，帮其建立自信心。如果孩子在学校无法听懂课堂内容，其实并不是不愿学习，而是因为觉得学习枯燥乏味，或者对自己的学习没有信心，所以父母需要帮助孩子建立自信心，并且提高其对学习的积极性。

（2）家长与老师保持沟通，随时了解孩子在学校的学习生活情况。孩子如果与老师关系不好，则需要家长多与孩子和老师进行沟通，了解孩子内心的想法，通过建立一种良好的教育关系，来扭转孩子厌学的情绪。

（3）在对待孩子的学习上，不要急于求成。家长可以和学校沟通，让老师给予孩子关爱，让孩子感到温暖。在轻松的环境中学习，能使孩子把学习看作是一件愉快的事情，使他从害怕上学转变为自觉主动地上学。

（4）注意孩子交往的对象。俗话说："近朱者赤，近墨者黑。"由于孩子涉世未深，在交友上容易出现偏差，甚至交上坏朋友，比如爱逃课的朋友。因此，家长一定要注意孩子交友的对象。如果发现孩子与别的孩子一起逃课，我们就应该与别的家长、老师一起联合起来，共同纠正孩子们逃课的行为。

（5）对逃课的学生，老师可以开一个班会，目的是让其他学生也来关心逃课的学生，不要嘲笑他们，冷落他们。号召大家团结起来，让其他同学明白他们也是集体的一员，利用班会让逃课的学生感受到集体的温暖。

（6）老师多开展文体活动，不要只注重学生的成绩，忽视了学生其他方面的发展。开展文体活动，可以让逃课的学生发挥自身的特长，也让其他学生尊重他们，感觉逃课的学生也是了不起的，也可以为班集体争光。

看书三分钟热度，好胜心强但毅力不足

行为表现 孩子看书三心二意，有头无尾

很多时候，娜娜看到爸爸刚买回的图画书，都会满腔热情地将图画书拿过来，坐在地板上就看了起来。开始两天，娜娜的热情还非常高，但是没过几天，娜娜就对图画书失去了兴趣。

刚开始，爸爸还以为小孩子都是喜新厌旧，就没有放在心上。后来，爸爸陆陆续续地给娜娜买了很多图画书，每次新书买回来，她都是满腔热情，但是等三分钟热度过去了，便很快对新书失去了兴趣。

看书如此，做别的事情，娜娜也总是这里一下，那里一下，没有常性。

已经上幼儿园大班的娜娜，每次上课都不能像别的小孩一样好好听课，不是东张西望，就是搞小动作，有时候甚至还会整节课都随意跑动，停不下来。而且只要周围稍微有点儿风吹草动，就能引起她的

兴趣。娜娜对任何事情都是三分钟热度，很难独立完成一件事。这让父母和老师都头疼不已。

为此，娜娜的爸爸妈妈非常担心孩子长大后会不会做事三心二意、有头无尾。

心理语言 好胜心强但毅力不足，不能正确评价自己

在孩子的学习方面，很多家长都会抱怨自己的孩子学习总是三分钟热度，不能持久坚持。其实，父母不能光看事情的表面，而应该试图理解为什么孩子会有这样的表现。

1. 家长随意打断孩子的专注行为

儿童的正常发展源自专注于某项工作，但是多数家长不了解这一点，于是常常会无意中打断孩子的专注行为。比如，孩子正入神地用积木搭高楼时，客人来访，家长会催促孩子叫人；孩子正在投入地玩沙子时，家长会大呼"回家吃饭了"，这种时候，孩子只好以尖叫、哭泣、打人等方式，来表达自己的专注行为被大人随意打断、随意阻止的那种痛苦。而家长呢？几乎根本没能真正理解孩子内心需求得不到满足时所表现的种种抗争，反倒是视孩子的难缠之举为不懂礼貌、不听话。

2. 孩子好胜心强，但又毅力不足

多数孩子由于年龄和心智发展的局限，兴趣和爱好常常变换，对什么都好奇，却又什么事都浅尝辄止。孩子兴趣的转移正如谚语所说，"三伏天娃娃脸，说变就变"。在兴趣发展的过程中，一旦遇到困难，就会打退堂鼓，成了成长路上的障碍。

3. 孩子不能正确评价自己

孩子不能正确评价自己，这山望着那山高，也是他容易三分钟热度的原因之一。由于孩子年龄尚小，兴趣往往只建立在"喜欢"的基础上，不会结合个人能力和性格来考虑自己是不是适合。这种缺乏实际考量的后果必然会使孩子在发展兴趣时受挫，最终导致兴趣消减。

此外，家庭里存在过多干扰因素，比如，在家庭成分较复杂的家庭中，家庭成员之间的教育观点不一致，也会导致孩子认知的混乱，造成专注力不足。

专家指导 创造一个专注的环境，不随意打断

小孩子做事常常不能有始有终，三分钟的热度让家长感到无可奈何，那么，家长该如何做才能培养孩子的专注力，更有利于孩子的学习成绩提高呢？

1. 保护孩子的专注行为，不随意打断

专注是一种优秀的品质，专注力越持久越好，而每个孩子都有"不被打断"的权利。所以，一旦孩子开始做某件事情时，家长就不得以任何理由去打断他们。孩子画画，你应该视作画家在作画；孩子观察动植物，你应该视作生物学家在研究；孩子拆装玩具，你应该视作工程师在工作；孩子往水里扔东西感受沉浮，你应该视作科学家在做一项重大的实验……

2. 制定适合孩子的学习目标

为了培养孩子学习持之以恒的好习惯，家长要给孩子制定一个适当的学习目标，让他在品尝成功的同时也能感受到努力的乐趣，这样孩子才会对学习产生浓厚的兴趣，才会给孩子带来再次探索与继续努力的原动力。

3. 给孩子创造一个专注的环境

比如，孩子玩玩具时，可以一次只给他一个玩具，而不是一下子给他一堆玩具；孩子看书的时候，可以一次只给他一本书，等他看完一本后再换一本，而不是将很多书同时放在孩子面前。要知道，如果孩子面临的选择太多，他们往往会无从选择，就会一会儿做做这个，一会儿又做做那个，或是做着做着，又想做另一个，这样就极易导致孩子养成注意力分散的坏习惯。

　　需要强调的是，父母教养孩子时，一定要记住：培养孩子持之以恒的好习惯不是一朝一夕的事情。一般来说，孩子越小，注意力越不容易集中，做事情也就越没有常性。因此，父母应该采取循序渐进的方法，而且只要孩子有了一点点进步，就要及时给予鼓励。因为，父母的肯定和惊喜的表情是对孩子最好的奖励，可以让他在原有的基础上做得更好，从而达到最理想的效果。

孩子有厌学情绪，家庭、学校和社会都有责任

行为表现 孩子不想学习，产生厌学情绪

　　小唐从小就很聪明，脑子转得快，活泼好动，深得父母的喜爱。上小学二年级的时候，每堂课他只听10分钟老师讲的课程就学会了。虽然他上课注意力不是很集中，但无明显违纪违规，学习成绩好，各科老师都很喜欢他。

　　爸爸妈妈觉得小唐一直学习不错，加上工作都很忙，就没有过问他的学习。谁知五年级期末考试时7门功课他有5门不及格，于是他变得讨厌学习，上课不听讲，也不交作业，爸妈管他，他还发脾气。

　　小燕性格比较内向，小学二年级时学习成绩属于中上水平，数学比赛得过市级三等奖，爸爸对她期望很高，一直要求她达到班上前五名，初中开学目标定位在市重点中学。但升入六年级之后，她的

学习成绩渐渐下降，尤其是语文。爸爸发现她学习的劲头大不如前，不会的功课不再去钻研，只要完成老师布置的功课就得，有时甚至抄同学的。

小燕经常向爸爸唠叨，爸爸要求她考重点初中，可是她自己一点信心也没有，大脑好像筑起了一道堤坝，语文知识根本进不去。她也希望好好学习，但力不从心，自己也不知道将来该怎么办。

心理语言 家庭、学校和社会的原因都有

上述案例中的小唐和小燕不想学习、不爱上学等现象，我们称之为厌学。厌学是指学生消极对待学习活动的行为反应模式。厌学的原因多种多样，有对学习不感兴趣，认为学习内容枯燥乏味，父母期望值太高，孩子无法接受等原因。孩子厌学问题困扰着很多家庭，原因是多方面的，包括学校、家庭、社会，乃至于整个教育制度。

1. 父母让孩子学习的心情太迫切

孩子出生后，父母一直在努力教自己的孩子，希望孩子能多学点知识，以便将来有好的出路。可是孩子在学习的过程中总会遇到一些困难，如果家长没有及时发现，及时给予孩子帮助，孩子在学习的过程中就得不到快乐，久而久之，对学习就会开始厌烦，最终导致厌学。

2. 父母的教育方式过于简单、粗暴

在平时，父母很少去关注孩子的学习情况，更没有去关注孩子的心理，一旦孩子没考好，家长就会控制不了自己的情绪，简单粗暴地对待孩子，孩子心里产生了憎恨情绪，自然就不会好好学习，有了厌学情绪。

3. 父母不注意自身的修养

很多家长还拥有学习无用论的思想，觉得学习没有什么好处，不如去打工，不如去学一门手艺，殊不知，打工、学手艺，都是需要学习的。只注意眼前的利益，父母没有用长远的目光去影响孩子，孩子就会错误地选择。

4. 教师的教育观念滞后

有的教师对优生和厌学学生存在着不同的教育价值观，客观上造成了学生的学习机会不均等。教师对厌学学生的消极期望影响了他们的自我判断，使他们失去了进一步学习的兴趣、信心和动力。

5. 不良的社会风气影响较大

不良的社会风气和社会文化对学生的学习也会产生一定的负面影响。如社会上"一切向钱看"的赚钱思想，一些内容不健康的电影、录像、图书等；一些学生结交了社会上一些不三不四的朋友，这些都会使孩子逐渐厌学。

儿童心理课

专家指导 让孩子看到自己的长处和优势，激发学习兴趣和享受学习快乐

孩子产生厌学情绪是可以理解的，家长不必太惊慌。采取有效的措施鼓励孩子适应学校的节奏，帮助他们走出厌学的误区才是重中之重，只是一味地责骂和苛求，最终只能适得其反。

1. 倾听孩子的心声

当孩子因学习感到苦恼时，家长应该倾听孩子的心声，鼓励孩子，切忌否定孩子。家长要排除孩子的忧虑情绪，让孩子以一个良好的心态去学习，这样定会得到事半功倍的效果。

2. 激发孩子的自我向上意识

可以让孩子列出自己学习上的优势，让孩子列出做过的有成就感的事，想想自己拥有过的"辉煌"。这样，在激励中帮助孩子树立学习的信心，从而唤起他们心灵深处的自我向上意识。

3. 积极为孩子创建能发挥他们特长的舞台

比如多鼓励孩子参加"校园演唱会""朗诵会""体育竞赛"等一系列丰富多彩的课外活动，充分调动孩子的积极性和主动性，使他们各自的才能得到发挥。从而使他们看到自己的长处，感到成功的喜悦，进而逐步消除厌学情绪。

4. 不再以分数论成败，重视学习过程的快乐

只要孩子稍有进步，家长就应该明确表示赞赏，这样孩子才不会对学习感到厌恶和恐惧。大多数咨询孩子厌学问题的家长都有一个毛病，即爱拿自家孩子和别的小孩比，殊不知正是家长的这种行为导致孩子厌恶学习。

5. 讲述奋斗史

家长可以给孩子讲述一些自己工作中的事情，让孩子知道不只是学习有酸甜苦辣。另外，家长还可以多给孩子讲一些成功人士的奋斗史，让孩子体味其中的艰难，从而坦然面对学习上的各种困难。

孩子学习不够主动，因对学习缺乏兴趣

行为表现 孩子不爱学习，不主动学习

一位爸爸为了让儿子爱上学习，买了好多书，但他让孩子看书时，孩子却跑去看电视，根本不爱看书。

一天，爸爸想到一个好办法。儿子特别喜欢跟爸爸去户外玩，奔跑、足球都是他们比较喜欢的活动。随着天气渐渐变冷，爸爸想和5岁的儿子商量，每个星期去一趟天文馆参观。但是爸爸刚把想法说出口，就遭到儿子的"抵触"。"爸爸，我不想去什么天文馆，那有什么意思？"儿子目不转睛地继续看他的动画片。

爸爸见劝不动儿子，就故意对儿子说："你把电视机的声音关小点好吗？别影响其他小朋友睡觉。""谁在大白天睡觉？"儿子不服气地说。"美国的小朋友呀，这个时候，美国正是夜里。""您怎么知道的？我不信！""爸爸小时候特别喜欢去天文馆，知道了地球是圆的，

知道了这个时候美国是黑夜，还知道了很多星星的事儿呢。"爸爸开始"下套"了。"那我也想去天文馆，行吗？"就这样，儿子主动让爸爸带他去"游"天文馆，学到了不少天文知识。

晚饭后，爸爸选择了一本名叫《地球奥秘大百科》的书，坐在沙发上看。儿子凑过来，问爸爸看什么书，爸爸说看白天在天文馆没有看到的东西。儿子马上扑到爸爸的身上说："爸爸，我和您一起看，好吗？""可以啊，咱们一起看！"爸爸让儿子坐在身边，从宇宙、太阳系，到地球的自转和公转等，一边讲一边提一些简单的问题，以调动儿子的兴趣。

此后，儿子逐渐爱上了天文知识，还缠着爸爸给他买了好多关于天文方面的图书，并且还成了天文馆的常客。

心理语言 兴趣是学习的动力，不主动是对学习缺乏兴趣

兴趣是学习的动力，孩子在这方面的表现尤为突出。可以说，孩子是带着兴趣进入学习状态的。有了兴趣，孩子才会主动参与到活动中去，才会积极探索想知道的神奇的东西。通过观察孩子在生活中与周围环境的互动，父母才能抓住孩子关注的问题，正确引导孩子将问题引向深入，这样，孩子才会积极主动地学习。

在为孩子创造学习机会与条件的同时，会生成许多孩子感兴趣的、乐于参与的、探索性很强的活动。在户外活动时，孩子发现草地上的蚂蚁在搬家，就产生了浓厚的兴趣。孩子看着蚂蚁这么小，它们

搬得动大虫吗？它们是怎么搬的？孩子对此产生了很多的疑惑，他就会去问父母或者老师，这时你就拿出图书，给孩子讲解，孩子就会自然而然地爱上学习，爱上看书了。

专家指导 激发好奇心，让孩子在玩中学，在学中玩

　　孩子天生活泼、好动，好奇心强，喜欢看看、摸摸等。所以，父母应考虑幼儿年龄小的特点，引导孩子主动学习，爱上学习让孩子在玩中学，在学中玩。

　　1. 采用表扬、鼓励的方式引导

　　在活动中，父母应采用表扬、鼓励的方式，引导孩子多说，逐渐调动孩子的学习积极性和主动性。尊重孩子，尊重他们按意愿去选择喜欢的游戏和其他活动的权利，不要限制孩子。同时，父母要参加到孩子的游戏和活动中去，激发与培养孩子的学习兴趣，增强他们学习的主动性、积极性。

　　2. 激发好奇心，促使孩子主动学习

　　孩子的主动性主要是通过活动表现出来的，也只有通过活动才能培养孩子主动活动的习惯，而游戏是最能发挥孩子主动性的活动。通过玩游戏，孩子从无意识学习转为有意识学习，既满足了愿望，又使学过的知识通过游戏的形式得以巩固，调动了积极性，使不同水平、不同能

力的孩子都能在游戏中获得兴趣和满足，激发主动学习的热情。

3. 带孩子到不同的地方旅行，去学习书本外的知识

如果条件许可，可以带孩子到全国各地旅行，在心情轻松愉快的情况下，书本上的知识结合实地的观看，记忆时更加容易。父母讲相关方面的一些小故事，此情此景，孩子学习也快，真正地看到了，听到了，才能理解。

孩子趴在桌子上写字，不良的坐姿习惯造成的

行为表现 孩子喜欢趴在桌子上写字看书

    欢欢今年6岁，正在上幼儿园大班。有一段时间，他在家做作业总是趴在桌子上，眼睛紧靠在本子上，大拇指压在食指上写字。妈妈发现了，赶紧向学校老师了解欢欢在学校写字时的情况。

    老师分析说，可能是由于欢欢贪玩，想尽快写完作业出去玩，即使写累了也不肯停下，于是出现趴着写的现象。最近，妈妈还发现欢欢看电视眼睛眯着眼看，感觉欢欢的视力出现问题了。于是，妈妈决定亲自纠正欢欢的写字姿势，让他养成良好的写字习惯。

    妈妈首先告诉欢欢正确坐姿的要领是："头正、身直、臂开、足安。"正确的执笔方法是：食指与拇指的端部轻捏笔杆，离笔尖约一寸，中指的第一指节处顶住笔杆，无名指和小指自然弯曲垫在下面，笔杆上部靠在食指根部的关节处，笔杆与纸面保持45~50度。

这些动作要领妈妈都逐一示范，让欢欢逐句理解、领悟动作要领，每次写字前都与他重温一遍，并多次纠正。刚开始时，欢欢觉得别扭，力不从心，笔杆不听使唤，书写的速度也较慢。这时，妈妈就给予适当的鼓励和表扬，帮助他树立自信心，提高自制力，以防止他偷懒，继续使用原来的不良执笔姿势。

经过一个多月的训练，欢欢的写字姿势越来越规范了。

心理语言 不良的坐姿习惯造成的

一般来说，3~6岁的孩子，神经和肌肉的发育达到比较完全的程度，可以做一些比较精细的动作。这时，可以让孩子练习"画"字，在比较大的空间内学画不同的字，等画得不错了，再逐渐教他在较小的空间里用较细的笔写字。

良好的书写习惯应从小培养，可不少父母认为书写习惯的培养是学校老师的事，忽视了对孩子回家写作业时坐的姿势和握笔姿势的监督，孩子写的字歪歪扭扭，潦潦草草，大小不匀，都视而不见；写字时趴在课桌上，弓着腰，都不制止。如此发展下去，孩子就会出现近视、斜肩、驼背、脊椎弯曲等现象，影响孩子身体健康和一生的发展。因此，父母要有强化孩子良好书写习惯的责任意识，有职责、有义务抓好孩子良好的书写习惯，配合老师，共同培养孩子养成良好的写字习惯。

每个人都希望自己写得一手漂亮的好字，孩子也不例外，但是字写不好与许多因素有关。对于3~6岁的孩子来说，他们的小肌肉发育尚不完全，手部精细活动不协调，因此，即使有写好的愿望，书写质量依然较差。这时，父母应告诉孩子书写工整慢慢会不断提高的。让孩子知道，写字不单是为了巩固所学的知识，仅仅保证正确是远远不够的，写得一手好字可以使人受益终身。

在一段时间内，父母对孩子每天的作业书写情况加以点评，对孩子在书写上的点滴进步给予表扬，不断激励孩子以正确的态度对待作业的书写，养成良好的动笔写字的习惯。

专家指导 培养孩子正确的书写姿势

孩子到了一定的年龄段，到了幼儿园大班的时候，父母都会想着要教孩子写字。如何教孩子写字呢？下面有一些建议与各位父母共同分享：

1. 从小抓起，越早越好

尽早使孩子养成良好的学习习惯是很重要的。孩子年龄小时，习惯既容易建立，也容易巩固，不良的学习习惯若被及时发现也易于纠正。等到不良习惯越积越多并稳固定形时，既会影响良好习惯的建立，又不易于纠正。

2. 注意培养孩子正确的书写姿势

当孩子一开始拿笔时，父母就要对他们进行执笔姿势的训练，教会他们怎样握笔，怎样坐正，怎样写。在训练一段时间后，孩子基本上就习惯于正确的坐姿与执笔姿势了。父母还要时时提醒，经常观察、示范，直到孩子养成正确的执笔、书写习惯。

3. 孩子幼时应该学会描摹

虽然描摹不等于书写，却对书写很有帮助。对于缺乏描摹小字或精巧图画能力的孩子，父母应先给他们一些大张的纸来描摹较大的字或画。到了一定阶段，孩子就会从描摹转为书写。

4. 指导孩子把握合适的写字力量

孩子刚学习写字的时候，把握不好写字的力量，要么握笔和用力过轻，要么握笔和用力过重。如果写字力量过重，容易折断铅笔芯，戳破纸，写错了用橡皮涂擦后显得脏。所以，父母要亲自指导和帮助孩子掌握合适的写字力量。

5. 指导孩子按照笔画顺序运笔

汉字的书写讲究运笔的顺序，就是按照汉字约定俗成的顺序书写每一笔画。如果父母发现孩子书写汉字的笔顺不正确，就要进行指导。孩子常犯的错误是把一笔分成几笔写，或者把几笔连成一笔写，或者笔画倒着写。

6. 初步把握字体的大小与匀称

在写字规范、工整的同时，可以初步指导孩子把握汉字的整洁与美观。整洁就是不要涂改过多，字迹要清晰；美观就是字体大小合适，字体结构匀称，字与字之间的间距不大不小。孩子学写字之初，父母可以提醒孩子观察字体的美观，暂时达不到理想的目标也没有关系，可以作为孩子写字应该关注和以后努力实现的目标。

7. 与其他好习惯互相促进

除了学习习惯外，还要养成的良好习惯有很多，如生活习惯、卫生习惯、劳动习惯等。它们都源于学生的学习、生活，彼此之间具有很大的关联性。一旦养成良好的生活习惯，那就为他形成良好的卫生习惯、劳动习惯、学习习惯等创造了条件。因此，培养孩子良好的学习习惯，不仅要与良好的生活习惯、卫生习惯等结合起来，还要与学校、家长结合起来，互相促进，共同发展。

问

女儿刚上小学三年级，一天，女儿放学回家，刚一进门就高兴地说："爸爸妈妈，我回来了。"说着，女儿拿出了期末的考试成绩单，这次考试的成绩和上次相比进步了很多，怪不得女儿那么高兴。我和孩子的爸爸也非常高兴，想着表扬表扬孩子，但是又担心孩子会因此而骄傲，我们该怎么做呢？

答

1. 运用动作，更有效果

当奖励孩子的时候，也不一定非要是物质的奖励，比如说父母给孩子一个满意的微笑、一个喜悦的眼神或者是伸个大拇指，这样孩子就会感到高兴。能得到父母的认可，可以让孩子有很大的成就感，也可以增加孩子的自信心。

2. 精神鼓励为主，物质奖赏为辅

许多父母奖励孩子时，都喜欢用物质奖励，但是这种奖励要适度，父母在奖励孩子的时候，物质奖励不可多用，虽然说物质

奖励和精神鼓励一样，都是奖励的一种积极有效的做法，但是如果物质奖励过多，就容易对孩子产生不良的影响。

3. 奖励要适度，避免太过

我们都知道无论做什么事都要有个"度"，对孩子的奖励也是如此，如果父母对孩子的奖励过度，往往会适得其反，得不到好的结果。父母在奖励孩子的时候要注意一些技巧，不要过分地夸大孩子的成绩，要懂得孩子进步背后付出的努力，可以对这种努力做出奖励。

4. 适度给孩子制造惊喜

父母在平时生活中了解下孩子最近对什么感兴趣，并且要表现得对此不在意。当孩子取得好成绩的时候或者是比之前进步的时候，父母可以突然将孩子期盼很久的礼物作为奖励，这样不仅会给孩子一个很大的惊喜，更会让孩子知道爸爸妈妈在时刻关心着自己，而且还能让孩子更努力地去做好下一件事。

问

儿子上初中以后，学习任务重了，很多课程需要预习，晚上的看书时间多了起来。有一段时间我发现，孩子拿起书本看了不一会儿两个眼皮就打架，一副昏昏欲睡的状态，但是如果让他看电视、玩游戏，他就睡意顿消，立刻来了精神。

面对这种情况，孩子的爸爸很着急，和孩子说了几次，效果不大，于是在我跟前嘟囔："这孩子真不是学习的材料。"我马上意识到这是我们家长忽视了对孩子学习方式的指导，使他在自学看书时形成了一种不良的条件反射。

答

读书本来是人生的一大乐趣，也是孩子学习知识的必经途径。但是在孩子中存在着这样一种现象：一看书就困。有些孩子现在越来越不想读书，认为学习是一件极其令人厌烦的事，还有的孩子虽然也想搞好学习，但是一看书就困，而只要不看书，干别的事马上劲头十足。孩子一看书就困，是怎么回事？从心理学的角度分析，这是一种条件反射所形成的不良习惯。对此，父母应注意以下几点。

1. 不要饭后看书

因为人在进食之后，消化系统异常活跃，身体血液都跑到胃部努力地进行消化，这时，中枢神经为了控制消化系统，会对其他部位进行抑制，如果此时看书，不但效果差，而且会形成抑制性条件反射。

2. 剧烈活动或者情绪激动后，也不应马上看书

因为大脑皮层神经的兴奋系统和抑制系统是处于相互诱导的状态中的，当我们的大脑皮层进入兴奋状态之后，随之而来的就是抑制。假如你在情绪激动之后看书，就很容易进入抑制的状

态，并产生抑制性条件反射。

3. 过度劳累后不要看书

人体机能具有一定的限度，超过这个活动限度，大脑皮层就会自动进入一种抑制状态，这就是所谓的保护性抑制。所以，当自己感到疲劳乏倦时，不要勉强看书，更不要"打夜战"看书。

4. 睡觉前不要看书

有不少人习惯在床上看书，把看书当作是睡前的催眠，这种情况最易产生抑制性条件反射。

兴趣是学习最好的老师，要想改变孩子一看书就想睡觉的状态，最重要的就是培养孩子对书本的兴趣。另外，父母教孩子读书也分时间段，在合适的时间看书，比不顾自身的情绪、状况强迫性地看书效果要好很多。

问

女儿读二年级，一次我去接女儿回家，在路上，她说前面那个是她的数学老师，我兴奋地拉着女儿的手说："快点儿，咱们走前去向老师问好。"女儿拖着我的手，不让我走上前向数学老师打招呼。

还有一次，女儿回到家时跟我说："爸爸，吓死我了，我路过那家餐馆时，发现班主任刘老师在餐馆靠近门口的地方吃饭。"之后，女儿好久不敢走经过那家餐馆的路，怕遇见班主任。后来经了解得知，班主任讲话较严格，有些话的用意是要吓调皮的学生，结果调皮的学生没有吓着，反而把特别乖的学生吓着了。

女儿胆小怕事，如此害怕老师，一直让我苦恼，怎么办才好呢？

答

每个父母都希望自己的孩子能够开开心心地去上学，但是有些孩子听到"去上学"这三个字就害怕，原因是害怕老师。那孩子害怕老师不去上学怎么办呢？

孩子怕老师的原因包括两个方面：一是老师对孩子太冷漠，或者孩子不能接受老师对自己的批评，这两种情况都会让孩子对老师产生一种抵触情绪；二是现在的老师很多都用挑剔、评判的眼光来看孩子，常常对孩子的所作所为进行评判和否定，久而久之，孩子就会惧怕老师，并对老师产生抵触情绪。对此，家长可以从以下几点着手。

1. 让孩子说出来

当家长发现孩子对老师有抵触情绪时，首先要给孩子创造一种宽松的、自由的发表意见的心理氛围，使孩子毫不隐瞒地讲清楚老师批评自己的原因、对自己的态度，以及自己接受批评时的心情。

2. 找准孩子怕老师的原因，对症下药

如果孩子胆小，不敢和老师接触，就需要加强孩子接触人的训练。如果是老师过于严厉，家长可以对孩子进行一番解释，让孩子理解老师对很多过于顽皮的孩子不得不这样。

3. 多找老师谈谈

家长要了解孩子在学校的表现，老师也要了解孩子在家中的行为，这对家长和老师共同教育孩子、避免孩子对老师产生抵触情绪是极其重要的。

4. 引导孩子理解老师

老师不是圣人，他有自己的性格特点，也会有情绪变化的时候。要告诉孩子，"老师的严厉，其实就是有点儿恨铁不成钢的意思，老师希望每个学生都学习好，怕对你们松懈了，你们就不好好学习了。"

第四章

领会孩子的情绪和情感，让爱走进孩子的内心世界

情绪和情感具有调节人的行为，推动人的认知活动发展的功能。愉快积极的情绪能增强人的活动能力，忧悲的消极情绪会削弱人的活动能力。对孩子来说也是如此，良好的情绪、健康的情感能促进孩子积极主动地在各种环境中进行活动，并容易接受外界环境的影响和成人的教育帮助，从而健康成长。

孩子动辄哭闹，说明心理需求没有得到满足

行为表现 孩子离开妈妈就哭闹

"妈妈，妈妈，我要妈妈，妈妈，你在哪儿？"

"小雨，妈妈去洗手间了。别哭啊，爸爸不是在这儿吗？"一听孩子哭闹，小雨的爸爸就会以最快的速度，来到她的身边。

可是，好多时候，小雨偏偏不领爸爸的情，总会执拗地说："不，我不要爸爸，我就要妈妈！妈妈，妈妈……"

这次也不例外，小雨一觉醒来后看到妈妈不在身边，就开始大哭大闹，还把枕头扔到了地上。

看着涕泪横流的女儿，无奈的爸爸只能在一边干着急。

好不容易，妈妈从洗手间出来了。小雨一看到妈妈，哭声就更大了，还边哭边喊："坏爸爸，坏爸爸！"

听女儿这么一说，爸爸难免会有些怨气，跟孩子的妈妈嘀咕了几

句，"唉，这孩子！真是没有一点儿良心！"

"哎，你怎么跟孩子还计较呢！你先洗脸去，我来哄他。"妈妈说完就去照顾女儿了。

过了一会儿，小雨不哭了，自己跑到一边去玩玩具。

小雨的爸爸又叹起气来，"唉，没见过这么能哭闹的孩子，这才刚上幼儿园两个月，脾气反倒越来越大了！"

"是啊，我也感觉到了，小雨这孩子稍有不顺心就大哭大闹。"妈妈也心力交瘁。

"唉！总这么下去，怎么得了！真是让人伤透脑筋，看来我们得好好想想办法了。"小雨的爸爸说。

心理语言 心理需求没有得到满足

我们常说，"懂"孩子是教育孩子的开始，为父为母首先要认识到这一点，虽说发脾气的孩子管教起来会让你头痛不已。对于0～6岁的孩子来说，这个时期的孩子是以自我需求为中心的，孩子发脾气意味着"自我意识"的萌芽，这是成长的征兆。而孩子动不动就爱发脾气多半是因为自己的需求没有得到满足，或以此要求家长顺从。

一般来说，这个时期孩子的哭闹多数情况下与以下几个原因有关：

1. 心理需求没有得到满足

在孩子的成长过程中，除了吃好穿暖，他们还有很多的心理需求，如果这些心理需求得不到满足，他们便会大发脾气。通常，出生4个月的孩子就有了发脾气、表达不良情绪的能力。随着年龄的增长、身心的发育，他们开始逐渐接触更多的事物。不过，对于成长过程中所接触的事物，孩子不可能像成人那样做出理性的认识或决策，而是单凭自己的情绪与兴趣参与其中或是采取行动。可是，孩子的认识或是行动却常常遭遇父母的阻挠。对于父母的所谓阻挠，孩子当然理解不了，反而，每当遇到父母的阻挠或是受到挫折打击时，都会通过发脾气来表达抗议，不是哭闹，就是摔东西。就如故事中的小雨一样，睡醒后，见妈妈没在身边，于是就大发脾气，甚至迁怒于别人。

2. 家庭环境的影响

孩子的脾气常常会受到家庭环境的影响。如果父母经常争吵或是平时说话总是大声喧哗，像吵架一样，就会给孩子的心灵造成伤害。长期在这种环境下长大的孩子，当他遇到困难或是处理问题时，也会习惯性地采用简单暴力的方法。反之，如果孩子从小生活在和和睦睦的家庭中，父母之间即便遇到问题，也能心平气和地讨论或是协商，平时交流轻声慢语，那么孩子说话就不会粗声大气，遇到问题也不会大喊大叫。所以，父母们不要光抱怨孩子脾气不好，而要先管理好自己的情绪。

3. 身体不适

孩子情绪的好坏与身体的健康程度也有一定的关系。一般来说，如果孩子身体劳累或是感觉不适，脾气相对来说会比较大。特别是两三岁的孩子，常常因为贪玩而不睡午觉，结果睡眠不足，使身体处于疲劳状态。这种时候，孩子只要稍有不顺心，就会大发脾气。此外，孩子肚子饿了或是生病了，也会影响他们的情绪控制能力从而乱发脾气。

专家指导 创造一个平和的环境，满足孩子的合理要求

既然找到了孩子动辄哭闹的原因，那么，面对哭闹的孩子，家长又该怎么安抚呢？

1. 尽量满足孩子的合理需求

很多时候，孩子是因为需求没有得到满足才会大哭大闹的。所以，家长先要进行自我检查，看看是不是自己管得太严，给孩子的束缚太多了。然后，认真想一想孩子的需求，对于合理的，要尽可能地满足他。要知道，很多时候孩子的需求都是合理的。比如，玩水、玩泥巴、玩土是很多孩子最纯真、最真实的小心愿，可是，不少家长往往会找出各种各样的借口拒绝孩子的要求，这样只会使孩子大哭大闹。实际上，只要孩子想玩，就应该让他们在确保安全的前提下尽情地玩。

当然，孩子也有提出不合理需求的时候。比如，带电的插孔、易碎的杯子总会让他们跃跃欲试。这时候，家长不要武断地拒绝，而要

平心静气地告诉孩子，这些东西是危险的。时间久了，不但可以使孩子不再提出这方面的不合理需求，还能让他们学到科学知识，岂不是一举两得。

2. 为孩子创造一个平和的环境

在日常生活中，家长遇到事情要学会控制情绪。夫妻之间有矛盾，要尽量心平气和地解决，而不是大吵大闹。不仅如此，还要尽可能常开开玩笑，给孩子营造一个开放、轻松、平和的氛围。在这种环境中成长的孩子，一旦遇事就会沉着应对，而不是火冒三丈、大发脾气。

3. 转移孩子的注意力

孩子发脾气时，不妨试试转移法。可以用孩子感兴趣的物品或是游戏来吸引他。比如，家长可以为孩子放一些欢快的音乐，也可以带孩子去安静的地方散散步。在安静的环境中，孩子的情绪自然会慢慢平静下来。

4. 冷处理法

这种方法在国外家长身上经常会看到，每当孩子发脾气时，他们不是去哄他，而是不理他，任他哭闹。初看，这么做似乎有些不近人情，其实却是很给力的一种方法。等孩子的情绪平静下来以后，父母再边安抚他，边与他沟通。比如，父母可以告诉孩子，委屈、伤心的时候，可以说出来，甚至哭一会儿也没有关系，但是不要无理取闹、向父母发脾气。再比如，父母可以告诉孩子，发脾气的时候，他一点儿也不可爱，而且他的行为和语言会让父母很伤心。这样，通过父母的一点点引导，孩子便会慢慢说出自己的感受以及为什么乱发脾气，而结果呢，孩子就会从中慢慢学会如何控制自己的情绪。

由此看来，父母一定要有爱，要懂得尊重孩子，不管赞成他什么还是反对他做什么，都要耐心地给孩子讲道理，既不能勉强他，也不能一味地妥协、迁就他。要始终让孩子懂得，父母很爱他，但是原则在任何时候都是必要的。

孩子委屈地哭，是宣泄情绪的一种方式

行为表现 因没有玩具玩而委屈地哭

4岁的小燕在小区花园排队等骑木马，此时，木马正被一个10岁左右的男孩玩着。小燕等了一会儿，见这个男孩没有下来的意思，就急着问："哥哥，你还要玩多久？"

小男孩看都没看她一眼，就说："我要玩很久。"

小燕听了，有点儿着急，眼泪不由得在眼眶里打转，怯生生地说了一句："我想骑木马。"

小男孩自顾自地玩，根本不理会身边这个小妹妹。

小燕见小男孩根本不理会自己，还说要玩很久，忍不住呜呜地哭了，而且一边哭一边说："我要骑木马，我要骑木马！"

小燕的妈妈听到女儿的哭声，赶忙来到女儿身边，轻声安慰说："乖，你再耐心等等，哥哥这么大，知道公共玩具是要轮流玩的，一

会儿他就给你玩了。"

谁知男孩竟然大声接茬："我还要玩很长时间，不给她玩！"

这一下可糟了，小燕听了这番话，当即泪水就"吧嗒吧嗒"地往下掉，还边哭边喊："我要骑木马！我要骑木马！"

妈妈见状，一把将女儿揽入怀里，轻声说："今天排队等了这么久，妈妈知道，你很有耐心。可是，哥哥还是不让给你，妈妈看得出来你很难过。"小燕听了，点点头。

妈妈接着说："小哥哥不和别的小朋友轮流玩玩具，这样不对。要不我们再跟小哥哥商量商量？"

听了妈妈的话，小燕哽咽着问小男孩："哥哥，给我玩一下好不好？"

可是，这个小男孩满脸的不情愿，态度生硬地说："不好，我还要玩很长时间。"显然，这个回答让小燕非常失望，她再次大哭起来。

就在这时，旁边一位家长让自己的孩子把木马让给小燕玩，并笑着对小燕说："小朋友，别哭了，来这儿骑吧，再哭就不乖了。"

谁知，小燕妈妈反倒很冷静地说："没关系，可以哭。"

周围家长都惊讶地看着她，"啊？让她哭啊，你可真有耐心。"

小燕妈妈点了点头说："是，让她哭吧。"那些家长听了，不解地走了。

儿童心理课

心理语言 哭是宣泄情绪的一种方式

很多家长惧怕孩子的哭闹，如果孩子哭了，他们往往会习惯性地说"不哭，不哭"，而且还会想出各种办法试图止住孩子的哭泣，比如，逗孩子、转移孩子的注意力等。也有一些家长会试图用大人的权威命令孩子"不许哭"。当然，还有一些家长甚至把"哭"和孩子的品质牵扯到一起，一旦孩子哭了，他们马上就会给孩子戴上一顶"不乖"的帽子，并口口声声地威胁说："爸爸妈妈不喜欢哭闹的孩子。"

其实，孩子和成人一样，他们的情绪也需要宣泄，也需要大人的共情，而哭恰恰是孩子表达内心需求、宣泄情绪的一种方式。

细心的家长都有过这样的体验：在孩子不会说话的时候，如果他们有渴了、饿了、不舒服了、害怕了或是需要大人抱了这些生理和心理的需求时，无一例外都会用哭来表达。等孩子慢慢长大，会说话了，当他们有渴了、饿了、不舒服等生理需求时，则会用"说"的方式来表达，而来自内心的愤怒、伤心、害怕、委屈、生气等情绪，仍然会用"哭"来表达和宣泄。家长们不妨想一想，当我们成人伤心、愤怒的时候，不也常常会哭泣吗？如果这时候，身边的亲人非常理智地对你说"别哭了，有什么好哭的"，纵然你的心中有着千言万语，你还会找他诉说吗？其实，如果内心的不良情绪不能及时得到宣泄，积累久了是非常容易生病的，而哭恰恰是最好的宣泄情绪的一种方式。

专家指导 读懂孩子不同情况下的哭泣

对于孩子的哭，家长要不要阻止，在实际教养时，一定要学会审时度势，拿捏好分寸。

（1）对于孩子要挟式的哭，家长可以不予回应，不过前提是你彻底读懂孩子，确定他是在要挟。

（2）对于已经会说话的孩子，家长应该鼓励他们用语言来表达自己的需要和情绪，而不是动不动就哭哭啼啼、哼哼唧唧。

（3）对于孩子难受时的哭，如摔跤、打针、生病等，或是受了委屈时的哭，这时候，家长应陪伴在孩子身边，试图接纳他，并给予恰当的安慰。

（4）孩子在夜间总醒，哭一会儿，睡一会儿，很不安宁，如同受了惊吓。孩子出现夜惊，诊断缺钙，就开始补充鱼肝油了。

（5）如果孩子哭闹非同寻常，一阵一阵的，怎么也哄不住，哭闹时面色苍白，表情痛苦，呈屈腿卧位。过一会儿孩子可玩耍或安静入睡，但间隔一段时间又再次剧烈哭闹。这可能患上肠套叠，妈妈应赶快带孩子就医。

（6）如果孩子开始流涎，或比原先流涎大为增加，并喂东西吃就哭闹不已。这有可能黏膜上有溃疡、疱疹，及时去口腔科就诊。

（7）如果孩子连续短促的急哭，并口唇发紫，出气很费劲，有时还伴有发烧。这时候孩子可能患上了肺炎，马上去医院进行治疗。

（8）如果孩子排大便时啼哭，可能由于肛门疾病引起，如肛周脓肿，肛裂，痔疮等；如排尿时啼哭多由于尿道口发炎所致，应及时就医。

我们有理由相信，在这种教养方式下长大的孩子，一定是活泼开朗、爱笑，容易与人相处的。即便遇到不良情绪，他们也总是能及时宣泄。

公共场合撒泼，源于孩子的自控能力差和家长的妥协

行为表现 孩子公共场合撒泼

又到换季的时候了，这几天，轩轩的妈妈发现，儿子的衣服明显小多了，于是决定去商场给他买几件过冬的衣服。

一个周末的午后，妈妈想偷偷溜出去，不带轩轩去商场。因为儿子有一个坏习惯：见什么要什么，不给就撒泼打滚。轩轩的妈妈担心儿子的"老毛病"再犯，就决定一个人偷偷地去。

可是，这个机灵的小家伙似乎早就猜出了大人的心思，从早上起床就把妈妈看得紧紧的，生怕妈妈跑掉。

妈妈甩不开儿子，只好告诉他："妈妈一会儿要去商场给你买新衣服，你去不去呢？"

轩轩听了，笑眯眯地说："去！去！太好了！"

妈妈紧接着说："可是我不想带你去，因为你总要乱买东西！"

轩轩赶紧向妈妈保证："妈妈，我不会乱买东西的！"

就这样，母子俩出门了。果不其然，到了商场，轩轩一直表现得都很不错，妈妈也顺利地买了他的冬衣。

眼看时间不早了，妈妈对儿子说："轩轩，咱们回家吧。"可是，儿子似乎意犹未尽，摇摇头说："妈妈，我饿！"

妈妈知道这是儿子的"毛病"犯了，于是不理他，继续走路。可是，轩轩哪肯放手，不停地说："妈妈，我饿！我要吃蛋糕！"说着，轩轩一屁股坐在地上，说什么也不走了。

这时，周围人向这对母子俩投来了奇怪的眼神，妈妈很不好意思，于是就给轩轩买了蛋糕。

就这样，轩轩一边吃着蛋糕，一边看着周围的橱窗，走着走着，眼前出现一家玩具店。轩轩又忍不住了，拽着妈妈的手连声说："妈妈，我要枪！妈妈，我要枪！"

看到儿子如此无理取闹，妈妈生气了，愤愤地说："出门前你不是答应妈妈不乱买东西吗？怎么现在还是见什么买什么？不行！"

妈妈一把拉住儿子的手就往前走，可是，轩轩依旧不停地嚷嚷着："妈妈，我要枪！妈妈，我要枪！"

"不行！家里已经有十多把枪了，你要这么多枪做什么？"妈妈愤愤地说。

说着说着，只听"哇"的一声，轩轩就开始撒泼打滚。

看着执拗的儿子，妈妈不由得叹起气来："唉，这孩子，见什么买什么，简直让我愁死了！"

心理语言 源于孩子的自控能力差和家长的妥协

　　孩子在公共场合撒泼、哭闹恐怕是最考验家长的智慧和耐心的时候了，相信很多家长都有过这样的体验。既然是在公共场合，孩子的哭闹势必会引来周围人的注意，这让爱面子的大人感到颇为尴尬。如果家长因此而脾气暴躁，很可能就会对孩子大动干戈。当然，也有一些家长考虑到周围人的侧目而对孩子妥协，采取息事宁人的态度，以满足孩子的无理要求。事实上，这两种态度都会在一定程度上强化孩子的哭闹行为。

　　要知道，孩子的心智还不是很成熟，他们表达自己情绪的方式也是那么的单一。因此，对于孩子哭闹的行为，父母要学会从心理层面上进行分析，不要武断地怒斥了之。那么，又有哪些原因会导致孩子在公共场合撒泼、哭闹呢？

1. 孩子的自控能力较差

　　如今的孩子大多是独生子女，家人对他们往往倾注了更多的爱，对于孩子的要求，甚至是无理的要求，也会尽量给予满足。时间久了，便会让孩子养成随心所欲的习惯，想怎么样就怎么样，不能接受家长的拒绝。家长一旦拒绝了，孩子就会感觉备受打击，于是就用哭闹的方式来表达自己的不满，尤其是在陈列琳琅满目的玩具、食品等商场或是超市这些场所，就更能吸引孩子的注意力。于是，他们必然会见什么就要什么。孩子不但无法接受拒绝，还不能接受等待。只要他们想要什么，家长就必须马上满足他们，不能有半点儿延迟，一旦延迟，孩子便会大哭大闹。这样看来，正是因为家长的少拒绝、少延迟，所以才造成了孩子的自控能力差。

2. 家长的妥协造成的

很多时候，孩子在公共场合的哭闹缘于家长的妥协。做家长的都有过这种经历，去商场或是超市前，我们都会和孩子约定好，不许乱买东西。可是，因为孩子自控能力差，一看到自己心仪的玩具、零食就想要，这时如果家长因为受不了孩子的哭闹而妥协，就会给孩子留下"虽然制定了规则，但是也可以不遵守"的印象。

除此之外，在商场或超市这种喧闹的环境中，孩子很容易疲惫，或是饿了、渴了，这种时候，他们不仅会表现出一副百无聊赖的样子，还会情绪急躁。如果孩子的要求没有得到父母的满足，他们的负面情绪就会上升到极端，大哭大闹起来。这种哭闹并非因为孩子遭到拒绝，而是他们以此为借口发泄自己的负面情绪罢了。

专家指导 延迟满足孩子的合理要求和坚持事先约定

针对孩子在公共场合无理哭闹的行为，家长不妨从以下几个方面进行引导：

1. 延迟满足孩子的合理要求

对于孩子的无理要求，要坚决拒绝，对于孩子的合理要求，要延迟满足,这样才有助于培养他们的自制力。不过,这种拒绝和改变也要循序渐进,不要让孩子感觉"怎么昨天还事事都顺着我,今天就处处和我做对了呢?"为此,建议家长不妨先从小事开始。比如说,孩子今天说想吃肉,你可以告诉他周末再买肉,到时候请爷爷奶奶一起来吃。当孩子逐渐习惯以后,家长再一步步扩大到买玩具、外出玩等,这种循序渐进的引导可以使孩子不会感觉太受挫。

2. 满足孩子符合其年龄特点的要求

带孩子到商场,家长都会为一件事不知所措,那就是孩子见什么要什么。虽说出门之前,父母已经和孩子约定好"不乱买东西"。可是,对于3~8岁的孩子来说,"乱买"实在是个难以理解的词。孩子会觉得我要买的玩具、零食都是我需要的,是有用的,怎么是"乱买"呢?要知道,孩子的"乱买"和家长的"乱买"完全是两个概念。所以,家长要和孩子事先约定好什么该买什么不该买,而且一定要根据孩子的年龄特点和心智成熟程度提出来。比如,针对两三岁的孩子,可以和他说好只能买一件玩具(或零食),他就明白这次他只能选择一件玩具;四五岁的孩子,已经能够理解数字大小、东西贵贱,可以和他说好只能买一件不超过50元的玩具;而六七岁的孩子,已经懂得玩具只要够玩就可以了,特别是同一类玩具,你可以和他说好不要再买汽车或是枪之类的玩具,可以选择一件不超过50元的其他玩具。

3. 家长坚持事先的约定

如果孩子能够理解明确的约定了，家长和孩子就要按照约定去做。即便孩子无理取闹，父母也要坚持约定，不能因为心软或心疼孩子，就答应了孩子的无理要求。父母说到做到，才能强化孩子的意识，让他慢慢学会自我控制。

除此之外，父母带孩子购物时，应该缩短购物时间，不要长时间在商场内逛来逛去，尤其是在孩子百无聊赖，感觉疲惫时，一定要避免负面环境的影响。外出前，不妨给孩子带上他喜欢的玩具或零食，这也是一个避免孩子在商场哭闹的好办法。

孩子脾气倔强，是自我意识增强的表现

行为表现 孩子脾气倔强，一不合意就哭闹

圆圆是一个5岁的小女孩，以前一直是父母眼里的乖乖女。可是，最近一段时间，圆圆却显得特别任性，不但不听话，还总跟大人闹别扭。

前几天，气温突降，特别冷，圆圆去幼儿园前，妈妈坚持要给她穿棉衣，可是圆圆说什么也不肯穿。

妈妈告诉她外面很冷，不穿棉衣会冻着，会生病，可是圆圆听了，只是一个劲儿地说："我就不，我就不。"无论妈妈如何劝说，圆圆就是不听。

后来，妈妈勉强给她穿上了，可是她把袖子一甩，就又脱下来了。

眼看上班就要迟到了，妈妈急得冲她大声说道："你这孩子，怎么这么倔，冻坏了怎么办？"

见妈妈生气了，圆圆就"哇"的一声嗷嗷大哭起来。

儿童心理课

在生活中，很多父母都遭遇过孩子不达目的誓不罢休的哭闹，然而，面对孩子的固执与任性，家长往往表现得束手无策，最终只好妥协"投降"。其实，家长过分的纵容只会阻碍孩子健康的成长，只有弄清楚孩子倔强背后的真正原因，才能有针对性地进行解决。

1. "倔强"是一种执拗情绪，是自我中心意识的一种强烈表现

孩子到了两岁以后，随着自我意识的增强，学习思考问题，开始形成自己的观点，按照自己的方式去做事。因此随着身体的发育，他们逐渐学会通过动作来表示反抗，抵制自己不喜欢的东西。于是，曾经听话、乖巧、顺从的孩子似乎一夜之间变得非常倔强，难以变通，有时甚至达到难以理解的地步。由此看来，孩子的倔强是其成长过程中的必然阶段。

2. 父母关注不够，引起孩子的反抗行为

比如，有的父母一向觉得孩子乖一点儿是应该的，从不给予正面的关注和表扬，一旦孩子有不良表现，父母就会大加指责，这样就会给孩子一个暗示：只有自己不乖的时候，才能获得父母的关注。于是，孩子和父母对着干的行为就会越来越多。父母越生气，孩子反而越高兴，而一遇到不如意的事情，孩子就哭闹不休或是尖叫不止。

3. 给予孩子过分的迁就

有些家长在孩子小的时候，给予他们过多的迁就。对于孩子的要求，家长无论对错一律满足。时间久了，孩子就会形成想要什么就得有什么，想怎么样就要怎么样的错误认识。一旦孩子的愿望不能得到满足时，他们就会用大哭大闹来表达不满，而此时的家长如果继续迁就，就会更加助长孩子的任性。

4. 受父母个性的影响

我们都听过这样一句话：父母是孩子的第一任老师。父母的言行会在一定程度上影响孩子的行为，尤其是在孩子年幼的时候，父母言行的影响会更大。如果父母在孩子面前处理问题时，总是表现出偏执、倔强的一面，那么，孩子受父母的影响，也会渐渐形成偏执、任性、倔强的性格特点。更重要的是，一旦孩子的性格形成定局，以后就会很难改变。所以，父母在教导孩子的时候一定要注意自己的言行。

5. 孩子自身的个性特征所致

两岁以前孩子的执拗情绪往往与自身的个性和特质有关。每个孩子与生俱来就有独特的个性与特质，而这种个性在新生儿身上已经有所体现。比如，同样是尿湿了尿布，有的孩子包容性会更好一些，而有的孩子往往表现得非常敏感。

由此看来，为了使孩子在成长过程中不会走向偏执、极端，钻"牛角尖"，遇到困难能够设法自己解决，父母一定要学会善待倔强的孩子。

专家指导 善于接纳孩子和学点儿冷处理

虽说家有倔小孩是件让大人头疼不已的事情，但是，倔小孩也有其自身的优点。他们自我意识强，好胜心强，如果家长引导得当，这对培养他们独立、自信、自强的性格特质是大有裨益的。那么，作为父母，又该如何引导呢？

1. 要善于接纳孩子

碰到倔强的孩子，家长要头脑冷静，意识到孩子年幼不懂事，理应给予更多的理解和宽容，同时要和风细雨地进行说服教育，使孩子真正意识到自己的倔强不好，今后才会自觉纠正，而不是一遇到问题就大发雷霆，甚至动手打孩子。

2. 倍加关心和爱护犟脾气的孩子

如果家有倔脾气的孩子，家长平时更要尽量争取时间多陪陪孩子，彼此谈心、交流思想感情。而且还要多从孩子身边的同龄人中找出榜样，启发孩子向他们学习。

3. 不妨学点儿冷处理

对待倔强的孩子，家长不要急于哄他，也不要大发脾气，更不能打，而要暂时不理他，任他哭闹。等孩子平静下来以后，再心平气和地告诉他，发脾气解决不了任何问题。而且还需让孩子明白，只要是无理要求，再闹你也不会答应他。

大喊大叫摔东西，是需求得不到满足的表现

行为表现 孩子大喊大叫摔东西

悦悦已经是幼儿园大班的孩子了，别看是个女孩，却让妈妈头痛不已。因为这孩子脾气特大，稍有不如意，就会大喊大叫，暴躁的时候，甚至还会抓起什么就往地上摔。

上个周六，悦悦的爸爸妈妈单位都要加班，两个人早早就出门了，只留下悦悦和爷爷奶奶在家。

平时只要爸爸妈妈不在家，悦悦就自由自在了，这一次也不例外。爸爸妈妈前脚刚走，悦悦就催促奶奶赶快打开电视，因为她要看动画片。谁知道，一看就是一个上午。就连该吃午饭了，奶奶喊了好几声她才肯过来。

就在这时，妈妈有事突然回来了，悦悦依旧不肯吃饭，非要看动画片。

妈妈生气了，对悦悦说："不吃饭，不许看电视。"说着就一把拿起遥控器，摆出一副正要关电视的架势。结果却招来悦悦的大喊大叫。

"不行，不行！我就看！现在就看！不让我看就砸电视机！"

见悦悦这样大喊大叫，妈妈一气之下关掉了电视。

"我就要看电视！不看电视，我就不吃饭！"悦悦一边大喊，一边抓起沙发上的玩具朝着电视砸去。

听着母女俩的争执，悦悦的奶奶赶紧来调停。奶奶一来，悦悦的妈妈就没辙了。因为悦悦从小跟着爷爷奶奶长大，他们对悦悦是要多宠爱有多宠爱，简直就是什么事都顺着她。

果不其然，看到哭得泪人一样的孙女，奶奶一面心疼地哄她，一面又埋怨起媳妇来："孩子不就是想看看电视吗，这有什么错，有话好好和孩子说，看你把孩子给吓的。"

悦悦的妈妈听了，无语地站在一旁，她知道，在孩子的奶奶面前，她百口莫辩。但是，一想到悦悦稍不顺心就大喊大叫，甚至摔打东西的行为，就觉得这件事实在是到了不管不行的地步。

心理语言 娇生惯养，需求得不到满足表现出极端行为

孩子的哭闹原本是宣泄不良情绪的一种形式，不过如果出现故事中悦悦所表现出的摔打东西的行为，家长就要引起注意了。要知道，孩子摔东西与打人一样都属于攻击性行为，而攻击性又具有稳定、持

续的特性。比如，孩子3岁时喜欢摔东西，5岁时还喜欢摔东西，6~10岁还如此，那么，在孩子10~14岁这个年龄段，很可能会有与同伴争斗、打架等暴力倾向。

这么说来，对于孩子的这一行为，家长一定要给予足够的重视。当然，也不必为此大惊小怪。要知道，孩子发泄不良情绪，出现摔打东西的暴力行为，是因为心中的怒气已经达到顶点，必须要找一个发泄的对象来发泄而已。

在这种情况下，家长先要找到孩子发怒的原因，以及为什么自己的孩子比别的孩子更容易表现出发怒的情绪，这样才能有效减少孩子的攻击性行为。

那么，哪些原因会促成孩子的发怒行为呢？

1. 娇生惯养

孩子之所以会发怒，往往是因为他们的需求没有得到满足。特别是祖辈带大的孩子，在面对拒绝时更容易表现出哭闹，甚至是摔打东西的行为。

现如今，不少家庭由于种种原因，会把孩子交给老人抚养和教育，虽说这种隔代教育模式已成为一种客观存在的家庭教育模式，然而爱就如一把双刃剑，在滋养孩子心扉的同时，也会成为骄纵孩子的温床。尤其是对于隔代家长来说，对孙辈的"爱"稍不留心就会成了"害"。一旦孩子的需求没能在第一时间得到家人的回应，他们就会表现出愤怒、焦躁的一面。

3岁以里的孩子凡事都以自我为中心，无法做到换位思考，也无法做到体谅、理解他人。但是，如果3岁以后，孩子还是凡事以自我为中心，一旦别人不能满足或是配合自己，他们就会哭闹、生气甚至摔打东西，这时，家长就要好好检讨一下自己是不是平时对孩子太娇惯了。

2. 情感"饥饿"

从儿童的成长特点来看，在其一两岁时，其他的自我意识就逐渐开始形成。此时，孩子非常需要家人尤其是妈妈的关注，而一旦他们的需求没得到满足，他们的情绪很有可能就会变得焦躁、郁郁寡欢，于是，他们就会采取破坏性的行为来吸引他人的注意。

3. 自控能力差

孩子从出生起就成为家中所有大人关注的焦点，于是他们很容易形成"唯我独尊"的意识，不能接受打击、拒绝，而且控制、调节自我情绪的能力也很差，一旦遭受挫折，就会变得焦躁、紧张，甚至是大喊大叫、大哭大闹。

除此之外，随着孩子的慢慢长大，父母为了实现让孩子上大学及上名牌大学的梦想，对他们的要求也会格外严格，孩子如果不按自己的要求去做，父母甚至不惜对孩子动粗。殊不知，这样很有可能会压抑孩子的情感，使其心理失衡，造成情绪的紧张与焦躁。而这样的孩子遇事往往不能冷静思考，而是采取过激行为，比如以大哭大闹、砸东西等形式来发泄。

专家指导 教孩子用语言表达自己的想法，培养情绪调节能力

　　如果孩子的发怒只是在宣泄负面情绪，这对孩子的心理健康还是有益的。但是如果孩子动不动就发火，甚至有暴力倾向，对孩子的健康成长则不利。这时，家长就应该帮助孩子找一个更健康的宣泄情绪的途径，引导他们学会控制和调节自己的情绪，这样才有益于孩子的健康成长。

1. 远离发怒环境

　　孩子发脾气时，家长不要急于和孩子辩论谁对谁错，也不要急于纠正孩子的行为。因为孩子在气头上时，是听不进去任何建议的。而是应该先接受孩子的负面情绪，并对此情绪给予足够的理解，然后，再一点点地把孩子带离这个环境，或是远离"惹"孩子发怒的人，让孩子一点点地平静下来。当孩子的负面情绪有机会疏解时，就不会有暴力爆发的行为了。

2. 培养孩子的情绪调节能力

　　孩子同成人一样，也有自己的情绪系统，会焦躁、沮丧，也会愤怒、难过。然而，面对孩子的这些负面情绪，家长一定要学会细心观察，做个有心人。比如，家长可以通过亲切对话、充分接纳以及拥抱

等来帮助孩子缓解负面情绪。再比如，家长可以教孩子一些简单的调节情绪的方法。你可以告诉孩子，情绪沮丧的时候，不妨哭出来，一旦负面情绪发泄出来了，感觉就会好很多；你还可以告诉孩子，急躁、莫名其妙地想发火时，不妨告诉家长自己感觉不开心，并且告诉家长自己需要单独待一会儿，有的时候，独处可以让孩子的情绪平复下来。

3. 教孩子用语言表达自己的想法

孩子感到生气、难过时，家长可以教他用语言表达自己的想法，而不是摔东西。比如，你可以告诉孩子，当别人的某些话或是某些做法让他感到生气时，不要再和对方辩论，而要直接说出自己的感受——"我生气了"。这样孩子的情绪就会慢慢平静下来。

孩子爱"顶牛",是"第二反抗期"的正常表现

行为表现 孩子爱"顶牛"

　　转眼间,牛牛已经6岁了,好像突然间长大了,独立了很多。现在的牛牛基本上是自己的事情自己做:自己刷牙洗脸、自己吃饭穿衣、自己收拾玩具……而且还可以自己睡觉。说起话来,更像个小大人似的,还经常把"爸爸妈妈,我爱你""爷爷奶奶,干活不要太累了"之类的话挂在嘴边,总之,就是把人哄得心里美滋滋的。

　　可是,在牛牛乖巧伶俐的另一面,却多了些逆反——"不好管了"。在爸爸妈妈眼里,一向很听话的牛牛,这一阵子却突然有些逆反,大人说什么,他偏不听。比如,叫他吃饭,他会说:"你越叫我,我就越不吃。"你要是再哄他、劝他几句,他就装作没听见,有时甚至还会跟没事人一样直接走开。如果你不理他,他又会吃自己的,而且还会乖乖地过来哄你:"妈妈,我好好吃饭,好妈妈!"

对于牛牛的这些逆反反应，爸爸妈妈有时会故意装出一副非常生气的样子，但是很多时候大人越生气，牛牛越不害怕、不服软，反而小脾气更大了。

牛牛不仅在家里是个"爱顶牛"的"小倔驴"，自从进了幼儿园大班，他的脾气也变得越来越倔。幼儿园老师经常反映，在幼儿园里，他常和小朋友打架，根本不听老师的批评。老师越是教导他别做的事，他越要做。后来，牛牛的爸爸知道了，气得暴打了他一顿，但是牛牛也只是暂时收敛一下，没过多久就又故技重演了。

"这孩子，还没上小学就管不住啦，以后该怎么办呢？"牛牛的妈妈更是一筹莫展。

心理语言 孩子不听话是"第二反抗期"的正常表现

在孩子6岁左右时，很多家长会有这样的疑惑：孩子怎么不听话了？孩子怎么变了呀？是孩子不对，还是自己的教育出现问题了？……

其实，并非孩子不听话了，也不是孩子变了，而是因为他们进入了心理学上所说的"第二反抗期"。在这一时期，很多家长都有这样的体验：孩子6岁以前，见了客人能热情打招呼；可是到了6岁就变得不爱理人了，你越让他跟人打招呼，他就越低着头躲起来。而且到了这个年龄，有的孩子变得爱嚷嚷"我知道""你别管"，要是大人来干预，他们就发脾气。有的孩子爱顶嘴，开口闭口总是"就不"，把大人顶得直冒火，这就是常说的"6岁孩子爱顶牛"。

事实上，这种阶段性的"顶牛"主要是心理发展的反映，因为6岁孩子的独立能力大大增强，独立意识也在迅速发展，他们开始明确意识到"我"的存在，也意识到"我"是有自己的想法和愿望的，"我"是和他人不同的。随着孩子的自主愿望趋于强烈，他们开始希望家长像对待大人那样对待自己，也希望得到大人的信任和赞赏。与此同时，他们也会通过行动体验自己的独立，证明自己的独立。

然而，在家长眼里，孩子始终是长不大的，他们往往用习惯性的方式对待孩子，即便孩子反感了也没有察觉，只是在彼此冲突起来时，家长才会由迷惑转为惊讶，"孩子变了呀"。

由此看来，在这一阶段，孩子的反抗完全是他成长的表现，属于一种正常的行为，并不是孩子不讲理，也不是教育方式有问题。

专家指导 讲究方法和策略，用沟通化解矛盾

虽然说孩子"反抗期"的行为是正常的，但是家长不可轻视。如果家长引导得当，孩子会逐渐成长为一个既自主又懂规则的人；如果家长引导不好，孩子则可能变得娇纵任性，或是过分顺从、退缩，没有主见。那么，家长又该如何教养孩子，帮他们顺利度过这一"反抗期"呢？

1. 用发展的眼光看待孩子

家长要学会把握孩子的心理变化，理解孩子的心理状态，摸透孩子在什么情况下"爱顶牛"，从而适应孩子的变化，改变对待孩子的方式。家长心里有数了，才会有化解的良策。比如，家长应该和孩子平等地协商，尊重孩子的自主，采用孩子能接纳的方式进行引导，尽量少干涉孩子，也不勉强孩子，更不招惹孩子，必要时不妨适当退让。当然，这里的"退让"不是迁就和不管，而是避免"顶牛"，避免针锋相对。

2. 讲究教育方法和策略

面对生来就是犟脾气、爱顶牛的孩子，家长应该注意到，他们身上也有自己的闪光点。他们自我意识强、自主性强、有个性，如果家长引导得当，完全能塑造出良好的个性品质。不过，对待犟孩子也要讲究教育方法和策略，不能以压制犟，也不能强磨棱角，否则只会造成倔强的升级。当然，家长也不能无原则地息事宁人，一味地退让、顺应。

3. 化解矛盾，协商沟通

如果家长与孩子有矛盾，家长应该和风细雨地化解矛盾。比如，估计孩子可能反抗时，要先和孩子沟通一下、协商一下，把矛盾化解在萌芽之中。双方的距离拉近了，矛盾自然就会化解。

总之，在孩子的成长过程中，家长一定要善于了解孩子的心理特点，真诚地与孩子沟通，循循善诱地进行教育，这样才能让孩子顺利度过"第二反抗期"。

问

儿子玩得正起劲儿，我对他说："快吃饭了，赶快收拾一下玩具吧。"儿子很高兴地把玩具都收拾好，来到餐桌前，当看到桌上的饭菜后，突然撒起泼来，"我不要吃饭，我要吃蛋炒饭！我不要吃饭，我要吃蛋炒饭！"那声音震耳欲聋，我心想哪能这么妥协，所以语气坚定地告诉他："想吃蛋炒饭需要提前告诉我，千万不能等到开饭的时候说，已经来不及了。"儿子哪听得进去这番话，瘫坐在地上哭闹。

儿子刚才还有说有笑的，突然情绪大变，让我措手不及。这孩子怎么啦？情绪太容易激动了，我该如何去化解他的情绪呢？

答

具体来说，孩子出现情绪激愤行为，是因为孩子渴望回到婴儿时期，让父母对他的要求百依百顺，然而父母没有按照他的要求去做，因此他觉得很愤怒。多种负面情绪无法消除，孩子就会产生情绪激愤行为。那么，父母该如何去做呢？

1. **学会理解孩子的情绪**

面对孩子的无理取闹，家长应选择耐心地进行说教，学着理解孩子的情绪，说出孩子的感受，让孩子有被认同的感觉。

2. **不要被孩子的情绪左右**

家长切不可被孩子的情绪影响，以暴制暴，这样不能解决问题。家长要稳定好自身情绪，也不能因孩子闹情绪就依从于孩子。

3. **等待孩子平复情绪，分析问题的源头**

待孩子情绪调整好后，与孩子一起分析问题的原因，帮助孩子找到解决问题的办法。

4. **给孩子一点儿惩罚**

有些时候，家长可以给孩子一点儿惩罚。比如孩子闹着不吃饭，那就让孩子饿一顿吧，让他切身感受到不吃饭的后果，这比大人的指责更管用。

问

我女儿今年5岁了，长相漂亮，尽管家里经济条件一般，但我也总是尽自己的力量将她打扮得像小公主似的。上周末，小区里几个同龄孩子在一起玩，随口说着自己都去哪里玩过，女儿突然夸海口道："我爸爸带我去日本旅游了……可好玩了。"我吃了一惊，我们从来没去过日本，这孩子小小年纪不仅虚荣，还撒谎。有一天，我去幼儿园接女儿，发现女儿正在向别的同学介绍自己家有多漂亮，自己家的电视有多大……这一切都是不符合实际的，我意识到问题的严重性。我该如何纠正孩子的虚荣心呢？

答

孩子有虚荣心，是心理发育过程中的正常现象，引导好了，虚荣心可以转化为进取心，帮助孩子积极进取。如果不加以重视，任其发展，虚荣心将成为孩子成长中的绊脚石，孩子长大后很可能喜欢弄虚作假。

对于这种情况，我们应该如何去引导孩子呢？

1. 树立良好的榜样

父母是孩子的第一任教师，父母的言行对孩子有潜移默化的影响。反思自己平时买衣服时，是不是经常买名牌，还经常把"名牌"之类的话语挂在嘴边在孩子面前说？家长要停止不当的言行，为孩子树立良好的榜样。

2. 不要经常满足孩子的无理要求

许多家长在孩子无理取闹时，为了息事宁人，就很不情愿地答应孩子的要求，岂不知，就是这样一次次的妥协，导致了孩子任性、执拗、虚荣等不良性格的形成。

3. 培养孩子的诚信品质

父母要想让孩子远离虚荣，就要注意对孩子诚信品质的培养。当孩子因虚荣而撒谎时，不要立即在其他人面前指责或教训他，而要和气地用谅解的态度说出父母的心情："爸爸、妈妈喜欢敢于承担责任的孩子，如果做错了事，就要勇于承认。"一个诚实的孩子，会努力地克制自己，不会为了虚荣而撒谎。

解读孩子的社交行为，教会孩子
在社交中展示自己

社会交往反映人的心理适应水平，是心理健康的一个重要标志。一个缺少正常社会交往的孩子，往往会表现得拘谨胆小、害羞怕生、孤僻退缩，或以自我为中心，不能与人合作，任性攻击他人，等等。而社会交往中的尊重、分享、合作、关心则是预防和治疗这类心理问题的灵丹妙药。从小培养孩子良好的社会交往能力，对促进其心理健康发展，预防各种心理疾病有着积极而重要的意义。

孩子爱动手打人：自我意识较强产生的攻击性行为

孩子爱动手打人

周五下午，豆豆的爸爸去幼儿园接5岁的儿子回家。可是刚进幼儿园，豆豆的爸爸就大老远地看到孩子正被老师罚坐在角落里。

"看来豆豆又惹事了"，豆豆的爸爸不由得叹了一口气。

豆豆的爸爸慢慢走进教室，豆豆看到爸爸，小脸绷得紧紧的，低着头不敢看爸爸一眼。

就在这时，班主任谢老师朝豆豆的爸爸走了过来，说："豆豆爸爸，今天豆豆又打人了，把班上的楠楠打哭了。最近，豆豆这孩子已经打了好几个小朋友了。就在昨天，豆豆因为抢玩具把同班的小朋友菲菲打哭了。我想和你聊聊，看看怎么帮助孩子改掉打人的坏毛病。"

听说儿子又打人了，豆豆的爸爸就气不打一处来，愤愤地说："这孩子，越来越不像话了，看我回家不好好收拾你！"

谢老师一听急了，忙说："豆豆打别的孩子不对，但是你也不能打他、骂他啊！以暴制暴，可不是教育孩子的好方法。"

豆豆的爸爸点了点头，惭愧地说："谢老师，我也知道打孩子不对，可是我家孩子不听话起来，简直能把我给气死，实在没辙了，我就忍不住给他两巴掌。尤其是最近，他总不听话，挨的打就多。"

谢老师听后，点点头说："原因就在这儿。豆豆最近在幼儿园的打人行为就是因为在家里挨了打。家长要多和孩子沟通，打是解决不了问题的。"

听了这番话，豆豆的爸爸若有所思。这一次，他没有当着小朋友的面训斥儿子，而是冷静地一直站在门外等儿子的惩罚结束。之后，父子俩就一起回家了。

路上，豆豆的爸爸问儿子为什么打人，豆豆很干脆地说："我看他不顺眼，我不喜欢他。"

听了豆豆的解释，豆豆的爸爸也想不出个所以然。他始终忍着没有发火动手打豆豆，心里却对孩子的暴力行为非常不解：不喜欢别人就打人？孩子怎么会这么想？这么小就有暴力倾向，长大了该怎么办？

心理语言 孩子打人是自我意识较强产生的攻击性行为

看了上面的故事，你觉得是不是不可思议？豆豆打人的原因竟然是"我看他不顺眼，我不喜欢他"。孩子为什么会出现这种行为？这又是怎样一种行为呢？

美国心理学家威拉德·W.哈特普把攻击性行为分为两种，即工具性攻击和敌意性攻击。前者常发生在年龄较小的孩子身上，为了一件玩具或是物品，他们会和小朋友争来抢去。随着孩子慢慢长大，这种行为会逐渐消失。不过，也有一些孩子随着年龄的增长，会表现出以人为中心的攻击行为，这种攻击不是为了争抢玩具或物品，而是直接对人造成伤害，这种攻击性行为就是敌意性攻击，故事中豆豆因为看别人不顺眼而打人的行为就属于敌意性攻击。

与工具性攻击相比，敌意性攻击显然更加恶劣，但是对于学龄前孩子来说，不管是哪类攻击行为，都不能归为品德问题。所以，一旦孩子出现这种行为，家长不要过于着急。只要引导得当，就能减少孩子的攻击性行为。

那么，如此年幼的孩子，为何会有攻击性行为呢？

一方面，从儿童心理学来看，这种行为是一种必然。对于两三岁的孩子来说，他们处于自我意识高速发展的阶段，自我意识较强。比如，当孩子看到好玩的玩具、好吃的食物，就会理所当然地认为这些都是自己的，而年幼的孩子又是如此不擅长分享与合作，于是，争抢玩具与美食的事就在所难免了。在争抢的过程中，孩子打人、咬人等攻击性行为自然也就时有发生了。

另一方面，我们还需注意这样一个事实：在这一时期，孩子在他所属的群体中，会不断地探究与人交往、体验交流的方式以及学习如何做人。当孩子与小朋友一起交往或是玩耍的时候，难免会发生误解，产生矛盾，出现争吵、打斗等攻击性行为。不过，随着孩子慢慢长大、积累经验的增多，以及语言表达能力的增强，这种行为自然就会逐渐减少。

专家指导 父母树立好榜样，避免孩子接触暴力环境

孩子3岁以前，出现攻击性行为是一种正常现象。但如果3岁以后，孩子还有这种行为，父母就应该加以引导，千万不能对其听之任之。所以，在日常生活中，父母一旦发现孩子有攻击性行为，就要先找出原因，再有针对性地帮他纠正。

1. 给孩子树立一个好榜样

在日常生活中，夫妻之间或是与亲朋之间有了矛盾，一定不要在孩子面前吵架或是大声争论，而应以平和的方式解决争执，这样才会给孩子树立一个良好的榜样。

2. 用爱纠正孩子的错误

孩子犯了错误，父母要通过讲道理的方式帮助孩子分析自己的行为，认识到自己错在哪里，并告诉孩子正确的行为应该是什么，而不是不管不顾地对孩子进行打骂或是体罚。要知道，对于孩子错误行为的改正，打骂起不到任何作用，只会在无形中教孩子使用暴力，而父母的爱才是最有效的良药。

3. 引导孩子与他人友好相处

孩子在幼儿时期的交往多以自我为中心，从三四岁开始，才渐渐有分享、合作意识。这时候，父母要适时引导孩子的分享与合作精神，让孩子懂得谦让，体验分享与给予的快乐。比如，父母可以邀请邻居家的小朋友到自己家里做客，让孩子当主人，从中学会礼貌待客，并主动把家里好吃的、好玩的拿来招待小朋友。时间长了，孩子便会有分享意识，也能与小朋友友好相处了。

4. 避免孩子接触暴力环境

在孩子成长的过程中，父母要尽可能为孩子挑选内容健康的动画片或是电视节目，如若让孩子从小处于暴力环境中，比如看暴力情节的节目，玩暴力血腥的电脑游戏等，只会给孩子未来的发展留下隐患。

不敢主动跟小朋友玩，因为缺乏与人交往的机会

行为表现 孩子不敢主动与其他小朋友一起玩

一个周末的午后，妈妈带着女儿倩倩去邻居甜甜家玩，一同来的还有邻居可可。

没一会儿工夫，倩倩和甜甜就模仿起电视里的漂亮阿姨欢快地手舞足蹈，两个人转来转去，开心地不得了。

突然，倩倩妈妈发现可可不见了，就问可可妈妈："可可呢？"

可可妈妈光顾着聊天了，这时才意识到可可不在身边。她起身一看，发现原来可可一个人躲在卧室里，噘着嘴、皱着眉，眼泪在眼眶里打转转。

看到这一幕，可可妈妈猜想女儿一定是觉得倩倩和甜甜在玩，自己被排除在外，因此感到很失落，一个人躲在卧室里生闷气。

倩倩妈妈见了，蹲下来问可可："你是不是想跟倩倩、甜甜一起跳

舞呀？"可可点了点头。

倩倩妈妈听了，给可可打气说："那你去找她们呀！"可可妈妈也说："是啊，你去找她们玩吧。"听了大人的话，可可犹犹豫豫地站起身走了出来，一副想开口但又担心被拒绝的样子。

这时，可可妈妈继续给女儿打气，态度和蔼地说："没关系的，只要你说，她们会和你一起玩的。"

然而，可可还是没能鼓起勇气，依旧默默地站在一旁不吭声。

之后，倩倩妈妈对倩倩和甜甜说："可可想和你们一起跳舞，你们说可以吗？"倩倩立即停了下来，拉住可可的手说："来，我们3个一起跳舞吧。"就在倩倩拉起可可的手的瞬间，可可的小脸突然由阴转晴，就这样3个小朋友一起玩了起来。

心理语言 缺少与人交往的机会

很显然，故事中的可可在人际交往中缺少一种主动性，当其他小朋友玩到了一起时，她觉得自己被孤立了，心里感觉很失落。虽说可可很想参与进去，但是她鼓不起勇气，总是等着别人来找她。

其实，在现实生活中，有很多像可可这样的孩子。在家里，他们的话总是很多，和熟悉的小朋友也能玩到一块，但是，一旦幼儿园组织集体活动，他们就总是处于被动位置，不会主动加入其中。

事实上，这些孩子并不是对集体活动不感兴趣，也并不是特别胆小、孤僻的孩子，只是不敢主动加入进来。每当小朋友结伴玩耍的时候，他们总会在一旁眼巴巴地看着，满脸羡慕。如果这时候，有小朋友来邀请他们，他们就会欣然加入。但是，如果小朋友不来邀请，他们从来不会主动出击。

我们常说主动交往是一种能力，尤其是在一个团体中，能够迅速适应这个团体，和团体中的成员保持一种良好的人际关系，而不是成为团体中被忽略的对象，这是一种很重要的能力。而一个不够主动的人，难以获得和别人交流的机会，难以架起发展人际关系的桥梁。

然而，很多孩子却缺乏这种能力。究其原因，还在于他们缺少锻炼的机会。

现如今的孩子，除了在幼儿园，大多时间在家里，很少有机会参与多人的活动，即便参与了，家长也免不了会介入。而且很多时候，孩子是跟一个或两个同伴玩，甚至一个同伴都没有。不仅如此，在很多传统的幼儿园里，老师们大多喜欢过早介入孩子当中。比如，玩游戏时，老师会安排张三扮演谁、李四扮演谁、王五又扮演谁。这时候，孩子只有被动接受的份儿，久而久之，孩子就失去了彼此之间协商和合作的机会。另外，如果孩子之间有了冲突，老师常常会立刻过来调停。孩子总是被安排、被管理、被协调，何谈主动性的锻炼呢？

专家指导 为孩子提供更多的社会交往机会

那么，作为家长，该如何做，从而提升孩子的社会交往能力呢？

1. 为孩子提供更多的交往机会

家长可以适当地带孩子进入自己的社交圈，让他们到外面串门，找小伙伴玩耍，也要允许自己的孩子邀请小伙伴到家里来做客。当然，家长还应该指导孩子怎样和同伴一起玩。比如，小伙伴上门，家长要告诉孩子讲表示欢迎的话，引导孩子拿出好吃的东西招待小伙伴。

2. 创设良好的家庭交往环境

家长应创造一种民主平等、亲切和谐的交往氛围，把自己当成孩子的朋友，让孩子敢说、爱说，有机会说话，而那些以父母为中心和以孩子为中心的家庭都是不可取的。另外，家中的大小事，只要是孩子能理解的，都应该让孩子知道，并适当让孩子参与大人的某些议论，这对树立孩子的自信心，培养孩子的人际交往能力是非常有益的。

总之，在孩子的成长过程中，家长一定要有足够的耐心，而且只要你稍加引导，孩子自然会逐渐调整自己的社会交往行为。

孩子有骂人行为，因为没有是非观念

孩子骂其他小朋友

几天前，3岁的小磊和邻居家同龄的小辉在一起玩耍。

玩着玩着，小磊搬着小椅子不小心碰了小辉一下。对于此事，小磊并没有在意，继续玩他的。可是，小辉却冲上来对小磊破口大骂。

正在厨房和小磊的妈妈聊天的小辉妈妈听到后，赶忙过来制止小辉。

可是，小辉的小脸憋得通红，气呼呼地说："谁让他碰我了，他碰我我就得骂他！"

小辉的妈妈听了很生气，不由分说地就打了儿子一巴掌。

这下可好，小辉更是闹个不停。

对儿子这样的骂人行为，小辉的妈妈不知如何纠正，感到很是苦恼。

儿童心理课

心理语言 没有是非观念和受到父母言行的影响

　　类似小辉的妈妈这样的苦恼，想必不少父母都有过。不知什么时候，从孩子的嘴里会突然蹦出一些骂人或是诅咒的言语，你越是阻止，他使用这些语言的次数反倒越多。对此行为，一些父母认为孩子偶尔骂几句不要紧，也没有太在意；而另一些父母却把孩子骂人视为洪水猛兽，对他严厉惩罚。

　　我们常说，教育孩子应该讲求艺术，上面两类父母的做法都有过犹不及之嫌。放任自流肯定不可取，但过于严厉也行不通。其实，弄明白孩子为什么会出现骂人的行为，并正确对待孩子的骂人行为，你的教育于孩子而言才会是一件幸事。分析起来，孩子骂人不外乎以下几种情况。

1. 没有是非观念

　　"别人骂，我也跟着骂"，这是很多孩子学骂人的一种普通心理。对于刚会说话的孩子来说，往往有很强的好奇心，会有一种情不自禁的模仿本能，偶尔听见别人说一句脏话，他并不知道这句话的意思就跟着学了。其实，这一迹象恰恰说明，孩子已进入了一个语言的敏感期。

　　在孩子骂人的时候，他会体会到骂人语言的特殊威力，其实他并非真的想侮辱谁或是咒骂谁，只是在尝试通过自己的不断练习，以证明其威力。在这种情况下，家长越阻止孩子的行为，反倒越促使他们更多地使用这种语言。

2. 受父母言行的影响

孩子生活在社会的大环境中，难免会受到各种不良言行的影响，说脏话也是如此。如果父母平时不太检点自己的言行，或是偶尔不小心骂粗话的时候被孩子听到了，孩子就会受其影响，渐渐地也学会说脏话。

3. 被迫骂人

这种情况一般发生在小伙伴之间：发生了矛盾，以牙还牙；受了欺负，借骂人来发泄自己的不满。

事实上，孩子2岁以后，随着自我意识的增强，会渐渐出现打人、骂人等行为。这时候，不论什么原因，父母都不应忽略，但也不能一看到孩子骂人打人就一味地打骂孩子，而要先分析一下原因，并时刻注意和反思自己的言行对孩子产生的影响。

专家指导 懂得尊重他人，正确处理与他人的摩擦

那么，父母怎样才能纠正孩子骂人的行为呢？我们给父母的建议如下。

1. 教育孩子要懂得尊重他人

要想从根本上杜绝孩子的骂人行为，先要教育孩子懂得尊重他人。在日常生活中，父母要有意识地培养和训练孩子尊重他人。比如，遇到熟人要热情地打招呼，请人帮忙要先用礼貌称呼，再说明事由，事后还要道谢；家中来客人要热情迎送，等等。

2. 把孩子的骂人行为消灭在萌芽状态

有的父母听孩子说脏话，特别是幼儿，觉得挺好玩，所以非但不制止，反而给予鼓励。这是非常不可取的，只会强化孩子的这种行为。所以，父母千万不要因为说脏话、骂人好玩而故意引逗孩子。

3. 教育孩子正确对待与他人的摩擦

很多时候，孩子骂人是他受到伤害的一种宣泄反应。比如，走路不小心被他人撞倒，东西被他人偷走，等等。在这种情况下，父母应教育孩子以善良之心看待与他人的摩擦，让孩子明白生活中难免会发生不愉快的事情，让孩子学会宽容他人的过失，不要为这些小事而生气骂人。

如果孩子与小朋友发生矛盾，父母不能劈头盖脸地训斥孩子，也不能不分青红皂白地袒护孩子，而是要耐心地对孩子进行说服教育，教他们用谦让的态度来解决与小朋友之间的纠纷。要知道，孩子一般都有害怕失去朋友的心理，这能促使他们改掉自己的不良言行。

　　除此之外，在孩子行为转变的过程中，面对孩子的点滴进步，父母都应该及时给予恰当的鼓励，让孩子明白打人、骂人、抢人东西的孩子不是好孩子，大人不喜欢，有错就改才是父母喜欢的。

儿童心理课

孩子天生胆小，源于父母的过度限制和保护

行为表现 孩子天生胆小

　　萱萱是一个文静、内向、胆小的小女孩。她从小到大都是奶奶带大的，奶奶性格内向、不善言辞，总是非吼即骂地限制萱萱。比如，不允许她到斜坡上玩，不允许她到沟里玩，等等。而且，奶奶还总想左右萱萱的想法，喜欢在旁边念念叨叨。

　　另外，萱萱的奶奶对萱萱娇生惯养，萱萱的妈妈也是如此。

　　有一次，萱萱在小区公园玩耍，玩着玩着，萱萱爬到1米多高的石头上。萱萱的爸爸一直在旁边，始终牵着女儿的手，可是，萱萱的妈妈却在一旁担心得不得了，不停地说："快让萱萱下来，小心摔倒了！"

　　又有一次，萱萱的妈妈看到萱萱的幼儿园同学妞妞坐在吊环上荡秋千（吊环离地有1米多高），不由得地惊呼："你们胆子真大，敢让孩子玩这个"。

妞妞的妈妈听了，平静地说："其实，不是我们胆子大，而是根本不危险。妞妞两只手抓得紧紧的，从来没有掉下来过，就算掉下来我也可以接到啊。"

后来有一次，萱萱的嘴角摔了一道小口子，一点儿都不深。萱萱的爸爸觉得没什么，可是萱萱的妈妈却急得心急如焚，执意要把孩子送到社区诊所缝了一针。因为这件事情，萱萱的妈妈还特意定了"家规"：以后不准萱萱做任何看起来有点儿小危险的行为。

心理语言 孩子胆小源于父母的过度限制和保护

在现实生活中，我们经常会听到家长发出这样的疑问："我的孩子胆小该怎么引导？""为什么我千方百计地锻炼孩子的胆量，却收效甚微呢？"其实，在改变孩子之前，家长先得弄清楚孩子为什么会胆小。孩子是天生胆小，还是有后天的原因？事实上，孩子的胆小不是一朝一夕形成的，更不是天生胆小，而是由以下原因造成的。

1. 过于限制

在户外玩耍时，孩子都喜欢到沟里、斜坡、石头上等地方去玩，而这时候，多数家长都会找各种各样的理由拒绝，如危险、脏、会摔跤等。其实，这些限制都在无形中暗示孩子：处处有危险。而一旦孩子在这种环境中成长久了，就会对未知的事物感到有威胁，不敢去尝试。

2. 过度保护

很多家长都非常紧张孩子的安危，不敢让孩子做出任何一点儿冒险的行为。事实上，过度的保护只会让孩子变得异常脆弱，经不起一点儿风雨，不敢与外界接触。

3. 缺乏安全感

生活中有很多像萱萱这样的孩子，从小在祖辈身边长大，父母经常不能陪伴，时间久了，孩子很容易缺乏安全感。而祖辈不恰当的教育方式又会让孩子的心里充满恐惧和压抑。另外，家庭不和、经常变换带养人和生活环境，也会让孩子的安全感缺失，产生恐惧感，从而变得胆小。

4. 与外界接触少

孩子的生活范围太小，接触外界的人和事比较少，由于和别人交往的机会少，孩子往往怯于与人交往。

5. 受父母性格的影响

如果父母性格内向，做事情很被动，不善于主动与人交往，孩子就会潜移默化受此影响。

专家指导 改变教育方式

为了避免孩子形成胆怯和退缩的个性，家长应注意教育方式，避免上述不良诱因。那么，又该如何做呢？

1. 改变过度限制、过度保护的教育方式

家长应该意识到孩子的某些看似危险、破坏性的行为其实是在探索世界。对于孩子的这种行为，家长应该鼓励孩子尝试新事物，而不要这也不许那也不许。

2. 帮助孩子建立稳固的安全感

家长应该给孩子营造和睦的家庭氛围，尽己所能地给孩子长时间、高质量的陪伴，让孩子和父母建立良好的亲子关系。而且家庭成员不要当着孩子的面吵架，要知道，安全感建立得比较好的孩子，大多性格乐观而自信。

3. 给孩子时间，耐心等待孩子的转变

家长不要急于改变孩子的胆小行为，也不要当着孩子的面议论他的胆小，这些都会在无形中给孩子带来压力。而是要忽略孩子胆小的缺点，抓住孩子某一次细微的改变及时鼓励，恰当引导。

　　此外，家长应该尊重孩子，以平等的态度对待孩子，不要简单粗暴，更不要威胁恐吓孩子。而且家长还要鼓励孩子主动和小朋友交往。比如，当孩子遇到不认识的小朋友时，家长要鼓励孩子过去打招呼。

孩子爱咬人，与口腔敏感期、情绪有关

一天，2岁多的小男孩虎虎和妈妈去小区花园里玩。玩了一个小时左右，突然从小朋友堆里传出一声刺耳的"嗷"声，之后，就听到不满2岁的娟娟"哇哇"地大哭起来，一边"呜呜"地哭泣着，一边小嘴还委屈地嘟囔着"虎虎咬我，虎虎咬我"。

当时，虎虎的妈妈也在场，虽说没有目睹当时的场景，但是，还是觉得有些奇怪。在虎虎的妈妈眼里，儿子小虎从来都是一个乖巧、讨人喜欢的孩子，平时也没有发现他有什么侵犯性行为，怎么可能会咬小朋友呢？

这时，虎虎的妈妈看了看身边的儿子，他满脸歉意，语无伦次地为自己辩解，大概意思是说，他和娟娟为了争抢一个玩具而吵了起来，吵着吵着，他就用牙齿咬了娟娟一口。

听到这里，虎虎的妈妈赶忙上前安慰娟娟，并让虎虎向她赔礼道歉，并示意两个小朋友拉拉手。费了好大一番工夫，才算平息了这场"咬人风波"。

面对虎虎咬人的事实，妈妈还是心存不安，这时她突然想起前些日子发生的一幕场景——虎虎啃桌子。

还有一次，虎虎和小区里的几个小朋友在爬栅栏玩。妈妈在旁边看着他，以防出现意外。突然，虎虎抱住一旁的甜甜，在她的小脸蛋上咬了一口，速度之快让周围人都防不胜防。甜甜的奶奶见了，赶快抱起甜甜，可是她的脸上已经明显有了一圈牙印。而虎虎似乎根本没有意识到自己做了什么，只是在一旁愣愣地看着甜甜，一副不知所措的样子。

心理语言 孩子咬人与口腔敏感期、孩子情绪有关

孩子咬人了，是不乖了吗？其实，孩子每一个行为的背后都有一定的原因。了解了这些原因，才能真正读懂孩子的行为。一般来说，孩子咬人与以下因素有关。

1. 与口腔敏感期有关

一般来说，2岁左右的孩子会出现用口腔即舌头、牙齿探索环境的敏感期，这个敏感期应该在2岁以前完成。换句话说，孩子在口腔敏感期，因为长牙的缘故，他们会觉得牙根痒痒的，所以要找东西来

咬，这样才会觉得舒服。于是，他们就有了啃、咬、吮吸的欲望。可以说，此时的孩子是通过嘴来认识世界的。如果不满足孩子的这种欲望，那么长大后他们就会表现出咬人的行为来。故事中的虎虎就是在用"咬人"这种方式来弥补自己错过的口腔敏感期。之后，随着孩子的生长发育，等他长出牙齿来了，这种行为就会逐渐消失，因此家长不必过度担心。需要注意的是，儿童无意中用牙齿和嘴认识事物，和人有意使用牙齿攻击有着本质的区别。

2. 与情绪问题有关

2岁左右的孩子，常会在情绪低落或是想要控制别人的时候，突然咬人。故事中的虎虎就是一个典型。通常，不满3岁的孩子还不善于与其他孩子一起玩。如果在与其他孩子一起玩的时候，抢走了别人的玩具或是别人把他的玩具抢走了，他们的反应往往不是打人就是咬人。3岁以上的孩子，如果感到无助或是恐慌，也会表现出咬人的行为，以此来引起别人的注意。比如，跟别的孩子打架输了或是认为有人要伤害他们的时候，他们就会做出咬人的行为。

除此之外，孩子爱咬东西往往是因为对这个世界比较好奇，通过咬东西的方法来了解陌生事物，这很正常。由此看来，面对孩子咬人的问题，家长不能一概而论，只有了解孩子行为背后的真正原因，才能有针对性地给予引导和帮助。

儿童心理课

对于孩子咬人的行为，家长该如何做呢？

（1）对于口腔敏感期滞后的孩子，家长首先应该意识到咬人是孩子探索世界的一种方式，就如故事中的虎虎一样，他是在用"咬人"这种方式告诉别人"我的口腔敏感期"来到了。与此同时，家长要给孩子提供可以咬、尝的东西，比如橡皮圈，各种软硬不同的食物，干净的、不同质地的物品等，以满足孩子口腔的味觉和触觉。

（2）对于与情绪有关的咬人行为，家长要提醒孩子用语言或其他方式表达自己的意愿。比如，家长可以让孩子知道，如果他不开心，可以告诉大人，不一定非要咬东西。同时，家长要给予孩子更多的关心和照顾，让他们尽快从不悦的情绪中走出来。另外，家长还要经常带孩子做一些有建设性的游戏和活动，使他们的注意力更多地集中于外界事物，从而尽可能地拓展孩子的视野和思维，不再过多地滞留在自己的世界中。

需要引起注意的是，一旦咬人、咬东西成了孩子的一种经常性行为，就有必要引起家长的重视了，必要时要带孩子去看医生。

孩子的玩具不与他人分享，是不愿失去自己的"财产"

行为表现 孩子的玩具不许任何人动

3岁半的楠楠手里拿着一个红色的遥控车，在小区花园里玩得有滋有味。

就在这时，和他年纪相仿的邻居小男孩超超走了过来。

超超看到楠楠在玩遥控车，兴奋地跑过来说："楠楠，咱们一起玩吧！"

说完，超超正要伸手去拿遥控车，还没拿到手，楠楠就气冲冲地朝他大喊："这是我的玩具，谁也不许动！"说完就狠狠地把遥控车抢了过来。

超超一点儿也不生气，反而友好地对楠楠说："楠楠，我们是好朋友，好朋友可以一起玩的。"

可是，楠楠依然很固执，语气肯定地说："那也不行，我的玩具谁也不能玩！"

楠楠的妈妈看到两个孩子的争执，赶忙来劝说，但是楠楠就是不肯让步。

一时间，楠楠的妈妈感到很没有面子，但是又不得其解。想当初，楠楠是那么大方，那么好说话。不管有什么玩具，只要大人要求给其他小朋友玩一会儿，她都毫无怨言地让大人拿走。手中拿着吃的，只要别人逗她"给我吃一口"，她都会把吃的放到别人嘴边。

可是如今，怎么越大越小气？该怎么办才能让他懂得分享呢？

心理语言 对自己的"财产"严加看管，不与他人分享

孩子不愿意分享，表现出自私霸道的一面，很大程度上与其年龄特点和生活环境有关。

从孩子心理发展的角度来看，不满1岁的孩子，在其头脑中还没有形成"物品所有权"的概念，他们会非常大度地把自己的东西给别人；而到了2岁左右，孩子开始有了自我意识，而且一厢情愿地认为只要是自己喜欢的东西就是自己的，于是，我们常能听到这个年龄段的孩子习惯把"我的"挂在嘴边；然而，在3岁以后，孩子开始渐渐意识到哪些东西是属于自己的，哪些东西不属于自己的，而且对于自己的"财产"，他们往往会严加看管。

所以，在3岁左右孩子的意识里，他们已经明白如果把东西分给别的小朋友，自己就没有了的道理。不管这种时候，大人如何用"再给

你买新的"或是"小朋友玩一会儿就给你"这些理由向他解释，但他就是不想"自己也没有了"，就是不能忍受现在的失去。

从孩子所处的生活环境来看，他们大多是独生子女，缺乏与同伴交往的机会，不知如何与人友好相处，也不会与别人分享。再加上，现如今，很多家庭都把孩子摆在家中最重要的位置，任其说一不二，对其有求必应，这样极易加深孩子的"以自我为中心"，使其头脑中只有"你""我""他"等概念，因此，孩子说话做事时，往往只考虑自己的意愿，忽视他人的感受。很显然，这样的孩子又何以愿意把属于自己的东西与他人分享呢？

专家指导 教孩子学会与人分享

从上文我们可以得知，对于一个两三岁的孩子来说，"自私"是一种正常现象，甚至是通向"分享"的必经之路。但是，如果你的孩子已经4岁多了，还不懂得分享，那么你就需要注意了。那么，家长又该如何引导孩子学会分享呢？

（1）家长应该认识到分享是一件快乐的事情，不要为了面子而强迫孩子分享，让孩子感到恐惧和痛苦。

（2）让孩子分享之前，家长一定要征求孩子的同意。如果孩子不同意，就要尊重孩子的意愿，告诉别人："很抱歉，他不同意。"一定不要为了显示大方而替孩子做主，一意孤行地把玩具交给他人或是指令孩子"一起玩。"也不要认为孩子还小，必须对成人言听计从，按照成人给他设计好的人生道路亦步亦趋。要知道，这样只会害了孩子。

（3）家长不要批评孩子，更不要给孩子贴上"小气""自私""霸道"的标签。家长要学会理解并接纳孩子对于分享私人物品会感到困难这一正常反应，耐心等待孩子的成长。

（4）让孩子理解分享的内涵，体验分享的乐趣。家长应该引导孩子明白能和别人分享是有爱心、与人友好的表现，他会因此而成为一个受欢迎的人。比如，当孩子像小母鸡似地守护着自己的喜爱之物时，家长可以这么告诉孩子："如果你把薯片分给小朋友几片，他会很高兴，会对你笑，你们就能成为好朋友。""如果小朋友护着自己的玩具不给你玩，你心里会不会难过呢？"

此外，家长还应该帮助孩子学会遵守"轮流""等待"等规则。比如，在公园里轮流玩秋千时，家长需要告诉孩子"谁先拿到谁先玩，后来的小朋友要等待"这样的规则。在家里，家长要让孩子分清每个人的所有权，并且告诉孩子，未经许可，不能随意翻动父母的私人物品；在外边，拿到他人的玩具之前，一定要先征得对方的同意。

与他人交换玩具：交换是孩子之间的一种交往行为

行为表现 孩子喜欢与他人交换玩具

一天，浩浩刚从幼儿园出来，就兴高采烈地拿着一张涂满鲜艳色彩的卡片朝妈妈跑来，激动不已地说："妈妈，妈妈，您看，这个卡片漂亮吗？"

看着儿子兴奋不已的样子，妈妈高兴地问："浩浩，这是你涂的吗？"

"不是，是我用我的小汽车换的。"听到这里，妈妈先是惊讶地"啊"了一声，然后想了想，又温柔地问儿子："这张卡片是不是那个小朋友最珍贵的东西啊？"

浩浩骄傲地点了点头，说："是，我的小汽车也是我最珍贵的东西。"

有趣的是，没过多久，浩浩的小汽车跟别人换来换去又回到了他的手里，而他也一样兴奋和满足。

就这样，浩浩频繁地交换着物品。一段时间里，去幼儿园之前，浩浩总会在他的小书包里塞满无论是大是小，是好是坏，是便宜还是昂贵的玩具或是食物。可是，他又很少能带点儿像样的东西回家，书包不是空空的，就是带一些不值钱的东西，像废报纸、坏了的玩具等。

交换的次数多了，浩浩的爸爸妈妈也习惯了他的这种做法，有时候还会主动问他："浩浩，今天你有什么收获啊？"

每当这时，浩浩总会干脆地答道："我换了××。"事实上，每次交换的东西，他不是分享着吃了，就是送人了。

心理语言 交换是孩子之间的一种交往行为

相信不少家长都有过这种经历，也相信不少家长会用成人的价值观来衡量这种所谓的交换是否值得。

事实上，交换是孩子之间的一种交往行为。最初的时候，他们会通过彼此分享好吃的来赢得友情。渐渐地，他们又发现分享像玩具之类的物品可以让他们的友情持续得更久。于是，在孩子之间就出现了"交换"这种行为，而借助食物和玩具恰恰能够建构孩子最早的人际关系，帮助他们认识人与物、物与物、物与环境之间的关系。

但是，很多时候，令我们成人感到有趣而又不解的是，孩子之间的交换往往是一种"不等价交换"：一个电子玩具换来的是一本破旧的图画书，一个做工精美的布娃娃换来的却是一块满是污渍的橡皮泥。于是，这时候，不少家长会用这样的话来评价孩子的行为："你这孩子真傻。""你怎么这么笨。""你呀，真是个没头脑的孩子。"

其实，当成人以一颗功利的心，以金钱的标准来看待孩子的行为时，却忽略了最为重要的一点：在孩子的世界里，是没有金钱概念的，然而他们有自己的衡量标准。就像故事中浩浩换来的漂亮卡片，因为在两个孩子的眼里，他们所换来的物品都是对方最珍贵的东西。

因此，当家长面对孩子的这种表现时，大可不必紧张或是顾虑孩子会吃亏，因为在这一交换行为的背后，孩子内心所产生的成就感会使他们内心中的自我变得更加强大，而这种自我认识绝对不是什么价值连城的物品能换来的。而且对于孩子而言，这种交换的经历不仅仅是一种游戏或是一系列毫无目的的活动，而是他们成长过程中所必须要做的一项"工作"，走好这一步，才能更好地为他们下一次的交换及交往积累力量和经验。

专家指导 学会放手，让孩子自由地在交换的世界中经历与他人的交往

既然交换是孩子成长过程中的一个正常现象，那么，作为家长，又该如何引导并帮助孩子呢？

首先，要认识到孩子人际交往是从分享食物和一对一的玩具交换开始的。随着孩子一对一地交换玩具和食物，他们会寻找相同情趣的伙伴并且开始相互依恋，进而会从和许多小朋友玩，发展到只和一两个小朋友玩，这是孩子人际交往的全过程，而这种交往能力是每一个孩子与生俱来的。

其次，当孩子表现出一对一交换玩具和食物的倾向时，家长不应该强硬干涉，也不应该无端责骂，而要学会放手，让孩子自由地在交换的世界中经历与他人的交往，收获交换过程中的成长体验。

也许，有些家长会有这样的想法：孩子与他人进行食物、玩具等物件的交换，目的无非是建立友谊，我们提前教他们一些交友技巧不就可以省去这么多麻烦了吗？其实，从表面上看这种想法略有道理，但是我们忘记了孩子通过交换的方式来交朋友是他们人际关系意识自然发展的一种表现，家长刻意为之，甚至是肆意干涉，只会扰乱孩子自然成长的规律，顺其自然反倒更有利于孩子的健康成长。

问

女儿上小学五年级，这几天放学回家，她情绪一直不好，一脸的不高兴，问她怎么了，又不说。她作业不写，吃饭吃得很少，我和孩子爸爸都很担心，可是又找不到原因。今天早上叫女儿起床去上学，她不肯起床，说不去上学了，不喜欢上学。在我的一再逼问下，她说在学校没人和她玩，同学都不喜欢她。我听了很吃惊，孩子在学校人缘不好，我该怎样帮她呢？

答

孩子会出现人际交往障碍，往往不是单一因素造成的。除了自身性格特质之外，后天的环境也是孩子遇到交友障碍的原因，比如玩伴少，没机会与同龄的小朋友一起玩；父母工作忙，很少外出游玩；等等。

那么，父母该如何帮助孩子呢？

（1）父母要花时间参与孩子的生活，帮助他们学习交朋友。父母陪孩子一起玩耍，在玩的过程中，参与孩子的人际关系，让他们了解如何跟朋友一起玩，如何分享等。

（2）可以与几位有相近年龄孩子的亲朋好友轮流组团，固定一个周期，例如每周或每月，带所有朋友的孩子一起出游。这么一来，孩子不但能学习跟父母以外的长辈相处，也有机会接触不同背景的小朋友，开启另一层结交朋友的机会，而家长间也有共同分享的话题，这个方法对孩子及家长的人际关系都有很大的益处。

问

我家儿子今年3岁，刚上幼儿园，但性格很怯懦，有小朋友抢了他的玩具，他不敢拒绝，也不敢自己去索要，总是找我帮他要回来。我若是不答应，他就闷闷不乐；我若是鼓励他自己去，他怎么也不肯。面对孩子的怯懦，我该怎么办？

答

在今天这个开放的社会，孩子如果性格怯懦，胆子太小，不善于交际，无法与人合作、共事，将来就会很难适应开放的社会。那么，父母应该怎么做才能改变孩子怯懦的性格呢？

1. 孩子害怕时，不要生硬地把他推出去

孩子会退缩，可能是因为害羞或者还不想尝试任何他们不确定的事情，至少并没有百分之百地确定。父母只需等待孩子做好准备。当时机合适的时候，他会充满自信地去尝试。

2. 让孩子对害怕的事情慢慢熟悉起来

当孩子进入一个新环境并感到不适时，不要让他独自经历考验，而应该让他慢慢地适应。如果孩子对于新朋友的出现感到紧张，就为他营造一个既有老朋友又有新朋友的环境。

3. 认可孩子害怕的情绪

对于孩子不愿尝试的事情，不必一味地劝说，可以让孩子解释为什么不愿意尝试。不做任何评判地倾听孩子的感想和感受，试着说："你觉得会发生什么让你这么害怕呢？"通过认同孩子的感受，帮助他察觉自己的想法和情绪，促使他做出自信的决定。

问

最近幼儿园老师对我说，我孩子的嫉妒心理很强，看不惯别人的小红花，对有小红花的小朋友不理不睬。一天，同班同学笑笑画了一幅很好看的画，老师奖励给笑笑一朵小红花。但是笑笑的画，下课后就被我的孩子偷偷破坏了，害得笑笑大哭。

答

嫉妒是人类正常情感中的一种，不仅大人有，小孩子也会有。不过他们的嫉妒和成年人又不一样，需要家长正确看待和引导，帮助他们消除这种心理。

1. 要孩子懂得分享

父母要经常和孩子讲，好朋友在一起不可以斤斤计较，不可以待人冷漠。如果同学有困难，要给予帮助；如果看到同学有一件你没有的玩具，你可以和同学商量互相借玩具给对方玩，要懂得分享。

2. 不可太争强好胜

小孩子有颗上进心自然是好事，但是父母一定要控制好度。如果发现孩子太争强好胜了，可以教育孩子不要太好胜了。与其老想着超越别人，还不如自己努力学习，让自己变得更优秀，这样就不会嫉妒别人了。

3. 多和孩子谈谈心

现在的父母都很忙，平时和孩子交流互动非常少，也是因为这个原因，父母觉得愧疚，所以对孩子百般溺爱，有求必应，却忽视了孩子的内心世界。父母再忙也应抽点时间出来陪伴孩子，多和孩子谈谈心。

第六章

只要用对方法，你就能搞定孩子
千奇百怪的行为

　　几乎每个孩子都会有许多令父母感到难缠的行为。比如，容易跟陌生人走，要不到东西就大哭大闹，喜欢指挥父母做事，不愿和别人分享……其实，这些问题都不是问题，只要用对方法，你就能轻松搞定孩子千奇百怪的行为。

了解孩子的恋物行为，正确解读行为背后的心理密码

行为表现 孩子有恋物行为

豆豆是一个4岁半的小男孩，从小到大，他从来都没有离开过他襁褓时用过的那条旧包被。家中衣柜里摆满了亲朋好友送给他的各式各样的毛巾被、拼花夹被和小毛毯，妈妈也极尽"哄劝利诱"之能事，让豆豆放下那条已经脏破不堪的小包被，但是，尝试过好多次，最终还是遭到了豆豆近乎拼命地反对。

豆豆不论是到爷爷奶奶家，还是到叔叔婶婶家，甚至是跟着爸爸妈妈到外地旅行，这条旧包被一直都是他第一重要的物件。有时候，他甚至只有把它紧紧地抱在怀里，甚至用嘴撕咬着，才能安然入睡。

如果有一天，豆豆发现他最爱的包被不在身边，他一定会顿时变得烦躁不安、哭闹不休，即使已经上床了，也会迟迟不肯入睡。面对儿子的这个奇怪行为，妈妈显得很无奈。

就在前不久，妈妈还以讲卫生为由，直接把豆豆的小包被给丢到了垃圾站。后来，豆豆为了这件事整整哭了一天。

妈妈搞不懂，除了这条包被以外，儿子似乎没有对任何其他的人和事表现得如此依恋。他也似乎很难适应新环境，遇事总退缩。让妈妈担心的是，再过几年，豆豆就要上小学了，如何才能融入新的群体中去呢？

心理语言 恋物是要获得安全感

豆豆的例子绝非个别，在儿童的世界里，为什么会有恋物行为呢？儿童的恋物行为有轻有重，大多数是因为儿童的心理需要无法得到满足而引起的。

1. 对依恋的需要

亲子之间存在着一种依恋，孩子会依恋一直照顾他的人，而这个依恋对象通常是妈妈。孩子对父母的依恋能保护他们不受外界环境中有害因素的影响。比如，孩子对妈妈的依恋，可以使他不会因独自一人而磕破弄破；也能让他在害怕时，从妈妈那里找到安全感。但是，很多父母由于平时工作忙，孩子无法从他们那里找到安全感，得到依恋。于是，为了满足自己的需要，孩子便会转移注意力：既然不能时时刻刻"恋人"，那只能转而"恋物"。也就是说，当孩子在需要依恋妈妈而得不到满足时，他们便会把某些物件作为妈妈的象征或是替代品，从而获得安慰。

2. 对皮肤和身体接触的需要

心理学家曾用两只假母猴代替真母猴做过这样一个试验：其中一只假母猴是由金属丝组成的"金属母猴"，另一只是由柔软毛巾组成的"布母猴"。结果发现小猴子与布母猴产生了依恋关系，而金属母猴却没有得到小猴子的依恋。由此看来，动物也需要舒适的身体接触，动物也有"皮肤饥渴"。动物如此，人也亦然，尤其是处于婴幼儿阶段的孩子，更存在着这种身体接触的需要。在舒适的身体接触中，孩子的感知觉不仅能得到发展，更重要的是，他们还能得到一种心理上的放松。所以，孩子所"恋"之物是那些比较柔软的东西，也就不足为奇了。

这么看来，当孩子无法从父母那里得到满足和愉快时，父母的替代品便能在一定程度上满足孩子的需求，而且也能帮助孩子稳定情绪，让孩子感到安全和快乐。更进一步说，这种依恋的替代也能使孩子产生自信、学会自控，从而拥有更好的情绪适应能力。

专家指导 不要强制，应分散孩子的注意力

既然孩子的恋物行为是由其心理需要无法得到满足而引起的，那么，作为父母，又该如何预防或逐步戒除孩子的恋物行为呢？下面几点建议可供参考。

（1）不要羞辱、打骂和歧视孩子。当孩子已经有恋物行为时，父母要懂得尊重孩子的感受，而羞辱、打骂，甚至歧视孩子，并不能改变他们的恋物行为，反而会伤害孩子的自尊心，给他们带来耻辱感和负罪感。

（2）要审视对孩子的教养方式，留意是否满足了孩子对爱的需求，是否满足了孩子内在发展的需求。平时要多拥抱孩子，多抚摸孩子的背部和头顶，以解其"皮肤饥饿"。要注意，你的拥抱应该是日常的、无条件的，就算孩子做错了事感到不安，也要及时拥抱他，不要等孩子画了一幅好画或是弹了一首好曲时再去拥抱他。那些经常与父母拥抱的孩子，绝不会将小包被或是玩具熊视为他的"精神保险带"。

（3）尽量分散孩子的注意力。比如，如果孩子迷恋绒布熊，那么就要减少他与绒布熊接触的机会，而且要准备一些更具吸引力的玩具或其他物品来逐步分散孩子的注意力。

（4）不要强制孩子不再恋物。在大人的高压下，虽说孩子表面上会减少这样的行为，但是在孩子的内心世界里，强烈的恋物欲望与父母的压力会形成更加激烈的冲突，一旦有机会，孩子的恋物行为就会反弹，甚至更为严重。

（5）满足孩子的情感需要。家长要多和孩子身体接触，多亲吻孩子，拥抱孩子，多和人交往，多接触大自然。现代心理学研究表明，孩子在婴幼儿时期得到的满足越多，孩子长大后就会越自信，越乐观，所以要借助于对孩子恋物的分析看其情感需求满足度。

　　此外，父母要适当减少孩子的独处时间，因为孩子在一个人的时候，最有可能需要依恋物的陪伴。孩子睡觉前，父母要用舒缓的音乐使他获得平静及心灵的安抚，从而减少孩子对特定物品的依恋。平时多带孩子去户外活动，开阔孩子的眼界。孩子的性格开朗了，对物品的依恋自然也会减少。

孩子拒不认错，可能并不明白自己错在哪里

行为表现 孩子做错事拒不认错

周末，5岁的辉辉在家玩拍球，一不小心撞翻了妈妈的化妆瓶，只听"当啷"一声，梳妆台上的瓶瓶罐罐都掉到了地上，有几个摔碎了。

正在厨房忙着煮饭的妈妈听到声音后，赶忙跑了过来，一看辉辉好端端的，就问他是不是砸碎东西了。辉辉支支吾吾地说"没有"。

可是，等妈妈忙完厨房里的事，再次来到卧室里，就看见了地上打碎的化妆瓶。

这时，辉辉依旧像个没事人一样在玩着他的球，妈妈猜想一定又是辉辉干的"好事"。

于是，妈妈就问辉辉："是不是你打碎的？"

辉辉摇头说："不是。"

妈妈又连着问了好几遍，辉辉依然不肯承认。

看着眼前这个"不可理喻"的孩子，妈妈只好说："妈妈不打你，你说是不是你打碎的？"辉辉还是不承认。

这时妈妈显然生气了，她一把抓起辉辉的手，说："今天你不说清楚，就别玩了。"辉辉一脸委屈的模样。

就这样，母子俩僵持了好一阵子，但是辉辉依旧不说话。妈妈没有办法了，最后只好说："以后再打碎东西，就不让你玩了！知道了吗？"在妈妈的命令下，辉辉点了点头，才说了句"知道了"。

心理语言 孩子并不明白自己错在哪里

这样的情景是不是也曾在你的身边发生过？你的孩子是不是也会像辉辉那样不肯认错？无论你如何气急败坏，孩子还是不肯吱声？也许，你会不理解孩子做错事了，为什么不肯认错。千万不要以为不肯认错的孩子就不是好孩子。其实，孩子不认错是有原因的，而这其中也不乏大人自己的过错。那么，为何孩子不肯认错呢？

1. 孩子并不明白自己错在哪里

孩子都天生好动，喜欢探索身边的各种事物，而家中的各种东西更是他们眼里的玩具。大人平时没有和孩子说清楚什么可以玩什么不可以玩，这就在无形中造成了孩子"犯错"的因素。这样，无辜的孩子根本就不知道自己做错了什么事，而大人还要他承认自己错了，孩子又如何能做得到呢?

2. 孩子听不懂大人所说的话

对于学龄前的孩子来说,他们的语言理解能力和表达能力都是非常有限的。当大人因为孩子做的"好事"变得生气而要求孩子认错时,对于年幼的孩子来说,他们其实并没有听懂大人所说的话,也不知道大人生气是因为自己做错了事,当然也就不会认错了。

3. 孩子因害怕而不敢认错

如果孩子犯了错,父母非常严厉地责问他,并让他承认自己错了,孩子往往会害怕大人,还会觉得父母不爱自己了。试想,当孩子觉得"爸爸妈妈好凶,好吓人"的时候,还要他承认自己错了,是不是有些勉为其难呢?

4. 父母没有起到榜样作用

很多父母为了在孩子面前树立权威,为了自己的面子,往往不会向孩子认错,尤其是在自己犯错的时候,比如弄坏了孩子喜欢的玩具,他们很可能会进行弥补,却不肯主动认错。这样就会给孩子灌输这样的思想:即便做错了事也可以不认错。

此外,有些家长虽然口口声声答应不会惩罚孩子,但是当孩子承认错误以后,他们却始终觉得孩子的行为很不好,还是忍不住对其进行批评指责，甚至还会打孩子。其实，这种做法会让孩子对父母失去信任，觉得爸爸妈妈说到做不到。如果孩子已经上过一次当，以后再要他认错，就会变得难上加难了。

专家指导 让孩子学会向家长认错，家长也要学会向孩子认错

面对孩子做错事而不愿承认错误的行为，家长应仔细分析原因，在了解孩子的基础上给予正确的教育，下面几点策略值得参考。

1. 让孩子学会认错

孩子之所以没有学会认错，可能是因为不知道什么是对的，什么是错的。因此，家长应该先了解孩子犯错的原因，然后耐心地告诉孩子做哪些事是对的，做哪些事是错的，为什么错了，错在哪里，而不是动不动就批评指责孩子。另外，认错是需要一定勇气的，孩子之所以不敢认错，可能是因为他们害怕承担后果。这时候家长应该给予孩子一定的安全感，告诉他每个人都有犯错误的时候，只要改了就是好孩子，避免让孩子产生畏惧感。

2. 孩子犯错要及时纠正

孩子做了错事，家长应及时给予教育并纠正，让孩子知道错误不是不可拯救的，只要改好了，就可以得到原谅。与此同时，家长也不要在孩子做错事后，一味地批评、指责，否则只会让孩子产生逆反心理，以

后犯错时就会总想找借口推托。对于懂得道歉但又频繁犯错的孩子，家长不仅要注重孩子的言语道歉，更要关注孩子改正错误的行为。

3. 家长要学会向孩子认错

传统的家庭观念认为，家长向孩子道歉，会丧失自己的威严，所以，不少家长为了维护作为大人的面子，即使做错了也不向孩子认错。其实，家长向孩子认错不仅能够融洽家庭关系，还能用现身说法让孩子明白每个人都会有错的时候，认错不是一件丢脸的事情。而且家长向孩子认错，不仅不会因为认错而丢掉尊严，反而更能得到孩子的尊敬。

总之，家长应该认识到：孩子因为年龄小，生理机能的发育和心理发展尚不成熟，常会说错话、做错事，这是难免的。而这时候，孩子最需要大人的帮助和引导，只要孩子认识到错误，改了就好。

儿童心理课

孩子偷偷拿别人的东西，受好奇、独占心理的驱使

行为表现 孩子偷偷拿别人的东西

这个学期，兰兰进入幼儿园中班。

一天，妈妈带她去儿童游乐园玩，回家后却发现孩子的小书包里竟然揣着一个从没有见过的毛绒玩具。

妈妈猜想可能是兰兰从游乐园带回来的。对于这种事情，她告诉过兰兰好多次，不能随便拿别人的东西，她怎么就是听不进去呢？之后，妈妈和女儿之间展开了下面的这段谈话。

妈妈："兰兰，你书包里的这个是什么？"

兰兰："别人给的。"

妈妈："给的？谁给你的？是不是你自己刚才从游乐园拿回来的？"

兰兰：……

妈妈："宝贝，你为什么要随便拿别人的东西呢？我跟你说过的，

别人的东西是不能随便拿走的。你怎么不听我的话呢？"

兰兰："我只是拿来玩玩，妈妈。"

妈妈："想要就可以随便拿吗？我不是跟你说过好多次不能随便拿别人的东西吗？你如果想要就跟我说呀！"

兰兰："妈妈，我是怕你不给我买。"

妈妈："走，去游乐园把东西还给人家，然后再向人家道歉。"

孩子为什么会偷偷从外面拿东西？面对孩子的这一行为，到底该怎么办才好呢？兰兰的妈妈左右为难。

心理语言"我喜欢就成为自己的了"

一般在孩子两三岁后，就能逐步形成不随便拿别人东西的控制能力了。不过，由于某种原因，学前儿童可能会出现偷窃行为。那么，好端端的孩子为什么会偷偷从外面拿东西呢？

1. 孩子没有"偷"的概念

一般来说，3~6岁的孩子还没有"偷"的概念，因为他的心理发展水平较低，往往是"我喜欢就成为自己的了"，很少考虑拿回去的后果。即使孩子已上幼儿园，老师也会教育他们不属于自己的东西不能拿回家，但是，对于心理发育水平较低的孩子来说，还是不能真正理解其中的含义，更别说将老师的教育内化为自己的行为了，孩子往往容易受情绪、情感的支配而缺乏理智，一旦控制不住就会据为己有。

因此，孩子拿他人的东西，不一定就是道德品质出了问题，父母无须大动肝火。

2. 为了发泄内心的不满

最初，孩子偷窃行为的发生往往是为了发泄心中的不满，疏散心中的紧张。比如，如果孩子在幼儿园里，因为抢一件玩具而和小朋友发生争执，最终却没有得到这件玩具，这时他们的内心就会有强烈的不公平感，很可能就会通过将玩具据为己有的方式来发泄心中的不满。

3. 为了满足自己的自尊心

很多有偷窃行为的孩子常会将拿来的东西分给其他孩子，以换取当"老大"的机会，进一步换取别人对他的友好与尊重。也有一些孩子是因为经常拿别人的东西而没有被发现，就误认为这是一种勇敢的行为，英雄的表现，自以为很有能力。

此外，孩子受到电影、电视及同伴的影响，为了获得物质上的享受，再加上家里及幼儿园又不能给孩子提供这些物质条件，他们就会通过偷窃的途径，来满足自己的欲望。

专家指导 引导孩子反省，培养孩子懂得遵从社会规则

发现孩子偷拿东西的行为，相信多数家长可能会严厉责骂孩子。

但是，这种做法对问题的解决根本无济于事。那么，家长又该如何纠正孩子的行为呢？

（1）家长要跟孩子说明他的行为为什么不对，意味着什么，做到这些，孩子才能反省自己的行为。这对培养他们的社会规则、立身处世方法等都很重要。

（2）家长应该认识到由于受好奇、独占心理的驱使，孩子在成长的过程中，往往会抢别人的吃的，"偷"别人的玩具。其实，孩子的这种心理和表现都很正常，家长面对这些事情时，完全没有必要大惊小怪。

（3）面对孩子不符合社会规则的行为，家长要明确地告诉孩子你的心情，引导他们反省，而家长伤心的样子往往会给孩子带来很大的触动。

另外，家长不要满足于孩子口头上的承认错误，应该引导孩子想想以后怎么做，并让孩子保证以后不会发生类似的事情；一旦发生了，就要对自己的行为负责。

孩子爱说谎：情感得不到满足的情绪表达

行为表现 孩子爱说谎话

姗姗是一个5岁的小女孩，在幼儿园上中班。

一天放学，姗姗的爸爸妈妈迟迟没来接她。于是，姗姗就跟几个同样等待家长来接的小朋友在操场上玩。

眼看天色不早了，当姗姗发现自己是幼儿园里唯一一个还没有被接走的孩子时，一下子跑回教室，坐在自己的凳子上，捂着脸伤心地哭了起来。

一旁的班主任刘老师看到了，有一些诧异，她可是第一次见姗姗这么伤心，赶紧过去安慰她。可是，姗姗只是哽咽着说："我妈妈打我了，说不要我了。"

两天后的早上，姗姗妈妈把姗姗送到幼儿园就上班去了。妈妈走远了，可是姗姗不愿去食堂吃早饭，低声抽泣着。刘老师赶忙走过去，蹲下身来，轻声问："姗姗，发生什么事了？"

姗姗一边哭，一边告诉老师："我妈妈骂我了。"

刘老师听后非常气愤："姗姗，不要哭了，你妈妈怎么老是又打你又骂你啊，我会让你妈妈向你道歉的！"说着就安慰起姗姗来，过了好一阵，姗姗的情绪才慢慢缓和过来。

到了幼儿园放学的时间，姗姗的妈妈来接姗姗，刘老师向姗姗的妈妈问及此事，姗姗的妈妈反倒非常吃惊，说她最近没有骂过姗姗，也没有打过姗姗。

后来，姗姗的妈妈想了想，说："我想起来了，前几天早晨出门时，因为时间不够了，姗姗非要吃零食，我没有给她买，当时她就气鼓鼓的样子，很不高兴。"

刘老师听后，问姗姗是不是这样，姗姗回答说就是因为妈妈没买零食，她才说妈妈坏话。终于搞清事情的原委了。但是，为什么姗姗不正面说出原因，反而说妈妈又骂她又打她呢？一时间，这件事情让姗姗的妈妈觉得迷惑不已。

心理语言 说谎是焦虑和情感得不到满足的一种情绪表达

俗话说："童言无忌。"孩子是天真、纯洁、无邪的，他们没有那么多复杂的思想，看到什么就说什么，不喜欢谁就会说出来。只要是孩子说出来的话，我们往往坚信不疑。

然而，事实并非如此简单。

儿童心理课

　　著名教育心理学家让·皮亚杰曾说："撒谎的倾向是一种自然倾向，它是如此自发，如此普遍，我们可以将它当作儿童自我中心思维的基本组成部分。"关于这一点，德国儿童心理学家斯特恩的研究也指出，儿童直到七八岁，都不能完全陈述事实。他们并非想欺骗谁，事实上，他们甚至不知道自己在做什么，只是根据自己的需要而扭曲现实。

　　因此，在某种程度上，我们可以这么说，孩子的"撒谎"无关乎我们成年人心目中的道德理念，而是其心理发展的必经之路。

　　一方面，由于孩子的经验和记忆有限，很容易错误地诠释某个事件。对于三四岁的孩子来说，他会害怕父母不来接他，到了5岁左右，当他有了一定的情感理解力，如果父母不来接他，他便会认为，这是因为父母不爱他。这时候，孩子的表现就不再是简单地哭了，而是把事放在心里，这一放就有了心事。可以说，孩子的这种表面上的"说谎"只是一种描述方式，是其焦虑和情感得不到满足的一种情绪表达。

　　另一方面，孩子的思维具有自我中心的特性，会为了达到自己的目的而不顾事实真相。而编一个小谎言恰恰能让他达到目的，于是，说谎就成了一样很有效的工具。然而，事实上，这个年龄的孩子并不理解说真话的重要性，也不理解说"假话"的危害性。在孩子看来，他们以为大人不知道，就没什么大不了。比如，如果孩子丢了玩具，便会毫不犹豫地告诉大人是小朋友抢走了，以此来保护自己。

专家指导 站在孩子的角度想一想，不急于揭穿

虽说年幼的孩子还不能区分"事实"和"谎言"，也无法知道说真话的重要性，不明白"撒谎"的严重性，但是，家长也要引导孩子不说谎。那么，作为家长，又该如何引导和帮助孩子不说谎话呢？

（1）如果孩子的叙述和事实不吻合，不要急于认为他是在撒谎，而要试图站在孩子的角度想一想，他之所以这样说，是不是有他的理由？比如，如果孩子在小朋友面前吹牛了，他是不是希望自己可以展翅高飞？是不是希望自己是超人？或者是不是希望老师会表扬他？所以，面对孩子杜撰的话语，不要一味地定性为谎言。

（2）如果发现孩子为了逃避责任而编瞎话，不要急于揭穿他，更不要"刑讯逼供"，而要试图给孩子一点时间和空间，引导他把注意力集中在事件本身，而不是你的情绪反应上。最终，你会发现孩子会帮助你收拾"残局"。

（3）营造一种温馨的家庭环境，试图让孩子知道，即便他"闯了祸"，只要说出真相，爸爸妈妈也是会原谅他的。事实上，当孩子确认说实话没有坏处时，他们会本能地更加乐意做一个诚实的人。相反，如果孩子认为说实话没有什么好处，反而不如掩盖事实更能让他逃脱，这样，他也就不会主动选择诚实了。

（4）培养一个诚实的孩子，家长一定要以身作则、言传身教。家长不仅要对孩子从不撒谎、坦诚相待、言而有信、遵守诺言，也要在孩子面前对所有人都能这么做。

（5）孩子承认事实时，无论他承认的错误有多么严重，家长也不要惩罚他。其实，鼓励孩子拥有诚实的品格，远比惩罚他打碎了贵重的花瓶更重要。

除此之外，如果家长发现孩子的确经常撒谎，那么，在评判孩子有道德问题前，家长最好反省一下自己：你对孩子是不是过于严厉？另外，家长千万不要逼迫孩子承认错误。没有一个孩子愿意在家长面前承认自己做错了，让他们口头检讨其实是对孩子极大的羞辱。请记住：不要为了满足我们的尊严感，而去伤害孩子的自尊心。

喜欢虐待小动物：宣泄情感，彰显自己的强大

孩子喜欢虐待小动物

　　一个周末的下午，阳阳的妈妈坐在沙发上整理晾晒好的衣物，刚刚还在旁边玩积木的阳阳一转身就不见了。

　　"咦，刚才还在这儿，一眨眼工夫小家伙跑哪儿去了呢？"阳阳的妈妈有点儿疑惑。

　　转身一看，原来阳阳又来到了鸡窝旁，两只小手正往里伸。看到这一幕，妈妈立马喊道："阳阳，不许抓小鸡！"

　　上周末，妈妈带阳阳到朋友家玩，看见朋友家养的小鸡，阳阳甚是喜欢，最终妈妈答应给他买两只同样的小鸡，阳阳才肯回家。

　　买来的前几天，阳阳还喜欢得不得了，总想抱它们。可是，几天后他就把一只小鸡抓出来，放到桌子上又推下去。

　　所以，当妈妈看见阳阳又向鸡窝伸手的时候，赶紧大声制止，并

且一个箭步将他已经伸到鸡窝边的手拽了出来。

而阳阳呢？大声地说"我就要，我就要"，挣扎着想再去抓。

妈妈语气温和地对他说："你忘了昨天你差点儿伤害了一只小鸡吗？我们要爱护小鸡，小鸡会被抓疼的，那好可怜哦。"

可是，即便如此，阳阳还是偷偷拿针扎小鸡的肚子，或是没轻没重地捏小鸡。阳阳看到小鸡痛苦挣扎的样子，反而呵呵笑个不停。

心理语言 孩子的虐待行为是一种情感的宣泄

在孩子的成长过程中，我们成人总是给他们灌输"爱护小动物"的理念，我们也有理由相信，会善待小动物的孩子是善良而有爱心的。的确，很多小朋友对小动物都表现得亲昵、疼爱，甚至是日夜思念。但是，为何有的孩子对待小动物那么残忍呢？

很多时候，一旦孩子对小动物做出各种不太善意的行为时，大人往往会猜测：孩子是不是出了什么问题？对小动物的不善之举是不是一种虐待？孩子会不会有暴力倾向？

其实，儿童心理学研究表明，孩子6岁前发生这种行为可理解为正常，6岁以后，他们会慢慢意识到自己不能虐待小动物。那么，孩子为何明知不可为而为之，要虐待弱小善良的小动物呢？

1. 宣泄情感

当今社会不少家庭，由于爸爸妈妈工作忙，孩子经常是独自一个人留在空荡荡的房子里，久而久之，在缺乏"爱"的家庭中成长的孩子极易变得孤独和冷漠，这样就会造成孩子心灵上的创伤。而压抑的情感终究是要宣泄的，于是，孩子就会找比自己更弱小的动物作为宣泄对象，最终在虐待小动物的行为中，孩子展现出自己的力量，也获得了感情上的满足，然而这样发展下去只会造成孩子心理的不健康。故事中的阳阳就是因为父母工作忙，经常自己独处，时间久了才会通过虐待小动物这一行为来彰显自己的强大。

2. 效仿大人

对于年龄尚小的孩子，他们的很多生活经验都是通过效仿大人获得的，不管好坏，照收不误。因此，家长的行为规范以及孩子的生活环境对他们的影响是很大的，"近朱者赤，近墨者黑"就是这个道理。

此外，孩子出于好奇也会有这种行为。这个年龄段的孩子认知水平有限，只想看看这样做小动物会有什么反应。另外，当孩子受到别的孩子的欺负或家长的批评、责骂，在强者面前只能忍气吞声时，便会通过折磨小动物来表现自己的威力，发泄不满。

专家指导 培养孩子的同情心，使他懂得尊重生命

对于6岁以前的孩子，如果出现伤害小动物的行为，家长该如何引导和帮助孩子改掉这种行为呢？

（1）懂得尊重生命。家长要告诉孩子，小动物是有生命的，"你打它，它会痛，如果大人也这样打你，你是不是也很痛呀？你希望爸爸妈妈也会打你吗？"如果孩子不小心弄死了小动物，家长不要向孩子提出"再买一只就是了"的想法，否则会让孩子不懂得尊重生命。

（2）经常接触小动物。家长可以经常带孩子去动物园，让孩子轻摸温顺的小动物，观察饲养员如何喂养动物。当孩子体会到和动物和平相处的乐趣时，自然也就知道怎样对待小动物了，而且这也在无形中培养了孩子的同情心，增长了孩子的知识。

（3）俗话说"身教重于言教"，所以，家长要注意检点自己的行为，做爱护小动物的典范。请记住：家长对世间万物的爱会传递给孩子，这比任何说教都要强百倍。

此外，父母要给孩子更多的爱，让他明白爸爸妈妈是真心爱他的。在孩子受到表扬或是批评时，要鼓励他们谈谈自己的感受；在孩子遇到不满时，也要鼓励他们发泄自己的情感，并且发泄过后还要给予适当的引导。

孩子孤僻不合群，不当的家庭教育方式所致

【行为表现】孩子孤僻、不合群

嘉嘉今年3岁半，爸爸妈妈工作都很忙，平时没有太多时间陪伴他，经常把他一个人放在家里让保姆看管。

每次爸爸妈妈上班前都会叮嘱保姆："阿姨，看好嘉嘉，不要让他出去玩，外面不安全。"因为嘉嘉的爸爸妈妈怕自己的孩子跟别的孩子在一起玩挨打，所以，喜欢把孩子圈在家里，不让他跟别的孩子接触。

其实，这个年龄的嘉嘉正处于爱玩的年纪，常常缠着阿姨带他出去玩，但是每次都会遭到拒绝。

就这样，时间久了，嘉嘉也很少嚷嚷着要出去玩了，而是乖乖地闷在自己的小屋里。

嘉嘉到了上幼儿园的年龄了，父母便把他送到离家很近的一所幼

儿童心理课

儿园读书。可是，很多时候，嘉嘉还没到幼儿园门口，就会大声哭闹着不肯进去。不仅如此，班主任老师还告诉嘉嘉的爸爸妈妈，说嘉嘉从来不和小朋友们一起玩，也不跟老师要玩具玩，总是一个人坐在那里，看其他小朋友玩。

更奇怪的是，每每在中午睡午觉的时间，嘉嘉都会乖乖地躺在床上。就这样，从中午12点一直到下午2点，他的两个小眼睛会一直睁着，不睡觉，也不说话，就那么静静地躺在床上。

还有一次，前两天幼儿园打预防针，很多小朋友都哭了，唯独嘉嘉一声没哭。

又有一次，在小朋友们做游戏时，一个小朋友想拉着嘉嘉的手一起玩，可是，嘉嘉却表现出一副非常吃惊、畏缩的样子。

当嘉嘉的爸爸妈妈听了班主任老师的这番话后，心里很长时间都难以平静：孩子才3岁多，怎么会这样？会不会是患上孤僻症了呢？

心理语言 孤僻是不当的家庭教育方式所致

很多父母都有过这样的体验：孩子到3岁左右时，不再像从前那样依赖、依恋大人了，而是对周围的小伙伴非常热情、主动。即便是不相识的孩子，彼此在共同交往的活动过程中，也能体现出相互理解、相互照顾、共同分享、团队合作等行为。

其实，这是孩子成长过程中的一种正常行为，它是孩子社交的萌芽，对孩子性格的健康发展起着极为重要的促进作用。而且，与小伙伴交往关系的深度会随着孩子年龄的增长，渐渐超过与家庭成员的交往深度。

但是，为何故事中的嘉嘉不是如此呢？孩子的孤僻心理又是怎么形成的呢？

1. 周围环境的影响

周围环境是使孩子产生孤僻心理的关键因素。故事中嘉嘉的生活环境过于单一、封闭，以致最终他的性格变得孤僻、不合群。如今像嘉嘉这样的独生子女有很多，他们对周围的人往往存有一种反感、鄙视、冷漠的态度。他们总认为别人看不起自己，进而表现出一副瞧不起别人的样子，凡事都装作漠不关心。其实，这种孩子的内心是十分脆弱的，他们害怕伤害别人，又害怕被别人伤害。这种心态会让幼小的孩子难以应对，最后只好把自己"关闭"在自己的小世界里，不与他人交往。时间久了，孩子的性格就会越来越敏感，越来越不合群。

2. 父母过分保护和限制孩子的社交活动

在孩子的成长过程中，有些父母为了不让他们惹是生非，往往采取非常小心的态度来照顾、教养孩子。比如，常会告诉孩子这个不好那个不好，也会限制孩子进行正常的人际交往及游戏。这样，孩子必然会出现多疑、自卑、孤僻的一面。

3. 父母情感的缺失

当孩子感受不到父母的"爱"时，极易造成情感缺失，在这种家庭环境中长大的孩子，会产生不安全感以及对社会的不信任感。家长千万不要小看这份"爱"，它对孩子的性格形成具有非常重要的作用。要知道，孩子出生后，父母的爱是给予他安全感和对世界最初的信任感的第一途径。然而，一旦孩子缺乏了这种爱，就会造成其性格的扭曲，不利于孩子的健康成长。

专家指导 结识小伙伴，参加集体活动和营造良好的家庭环境

一般来说，孩子在3~4岁时，其心理处于快速发展阶段，是良好性格和心理形成的关键时期。如果这一年龄段的孩子对周围的人或事不理睬，很少与小朋友交往，那么父母就要格外注意了。为了让孩子拥有一个健康的性格，父母又该如何引导并帮助孩子顺利成长呢？

1. 参加集体活动

家长应该让孩子从小生活在同龄孩子的群体中，多参加集体活动。当孩子在与同龄人一起生活时，不仅可以结识小伙伴，还可以在了解他人的基础上了解自己，学会用集体交往的规则调节自己的言行，而且还能进一步学会尊重他人、信任他人、谅解他人，这实际上就克服了独生子女本身的不足。

2. 结交朋友，学会分享

家长要教育孩子在平等原则的基础上结交朋友。当孩子和小朋友交往时，家长要教育他们互相信赖，彼此尊重。与此同时，家长要教育孩子吃的东西要分给别人吃，玩的东西要和别人一起玩，学会分享。

3. 营造温馨和谐的家庭环境

家长要为孩子营造一个健康的家庭环境，和睦相处、互敬互爱，这样孩子就能生活在温馨、和谐的家庭环境中，感受家庭的温暖，使身心得到健康发展。而一个缺少父母之爱的孩子，日后自然会对他人和社会抱以冷漠的态度，最终严重影响孩子的健康心理以及健全性格的形成。

此外，如果家长常打骂、训斥孩子，也容易让他们变得孤僻、畏怯、不敢讲话。所以，家长一定要耐心地对孩子讲道理，不要动不动就打骂、训斥。

智力"厌食症"：家长对孩子的期望值过高造成的

行为表现 孩子患上智力"厌食症"

　　诚诚今年已经六周岁了，可是提起儿子的智力开发，父母总是有苦难言。

　　在诚诚的房间里，堆满了形形色色的玩具，有爷爷奶奶送的，也有外公外婆送的，当然，还有很多根本说不清是谁给买的。

　　不仅如此，每次带诚诚出去玩，看到小朋友有什么好玩的，诚诚总是嚷嚷着也要。但是，东西买回来了，没过两三天，这些好玩的东西就被诚诚打入"冷宫"。现在家里玩具堆积如山，都快成玩具店了。

　　去年暑假，诚诚看到邻居俊俊在学围棋，吵着也要学。诚诚的妈妈听说区少年宫正在组织幼儿围棋班，任课老师还是一位国内知名的围棋高手，于是，就给诚诚报了名。可是，刚学了两天，诚诚说什么也不想去了。

面对这样的孩子，诚诚的父母也不由得感叹起来：我们小的时候，生活条件有限，现如今，生活条件改善了，何尝不希望把最好的给孩子，何尝不希望为孩子创造一个良好的智力开发环境。可是，孩子现在对这些东西似乎没有多少兴趣，玩一件丢一件。

心理语言 家长对孩子的期望值过高

首先需要肯定的是，家长千方百计地为孩子创造一个良好的智力开发环境，这一行为的初衷是没有错的。

但是，凡事都应该有一个度。只有符合孩子心理发展特点的智力刺激，才能让孩子欣然接受，也才能对孩子的智力发展起到积极的作用。

我们都知道这样一个道理：给孩子提供过多的食物，什么都让孩子吃个够，孩子很可能就会出现消化不良，甚至患上厌食症。同样的道理，在智力开发的过程中，如果家长给予孩子过多的智力刺激，一旦这种刺激处于饱和状态，便会导致孩子产生求知活动中的"厌食症"，也就是对求知缺乏兴趣，求知欲减弱，以致妨碍智力活动的正常发展。其实，这种家长的问题在于，只想着为孩子创造更好的物质条件，却忽视了对孩子的引导，就如故事中的诚诚家长一样。

另一方面，家长对孩子的期望值过高，对孩子的智力刺激过度，也会使孩子患上智力"厌食症"。在生活中，很多家长都有"望子成龙"的愿望，为了达到这一目的，他们往往会尽自己最大的努力，孩子想要什么就给什么，而且这些家长又是如此坚信，只要能够开发孩子的智力，无论玩具还是图书，统统多多益善。但是，期望过高的家长忽视了这一点：年幼孩子的兴趣往往是不稳定的并且是无常性的，智力刺激过度，孩子反而会患上智力"厌食症"。于是，经常是玩一件丢一件，玩什么都没有常性。

由此看来，家长对孩子进行智力刺激时，一定要根据孩子自身的年龄特点、发育情况，把握好刺激的数量、程度。不仅要让孩子"吃好""吃饱"，以满足他们的求知欲，还要让孩子感觉到"很想吃""愿意吃"。也就是说，要始终让孩子在求知和学习的过程中保持一定程度的"饥饿感"，这样才有利于激发孩子对知识的兴趣、求知欲以及积极性，否则就容易使孩子患上智力"厌食症"。

专家指导 培养孩子兴趣和求知欲

家长对孩子进行智力刺激要注意把握一个"度"。那么，具体来说，家长又该如何把握呢？

1. 从孩子的需要出发，选择益智产品

兴趣是孩子求知的先导，而需要又是兴趣形成的前提。一个人只有在饿的时候才想吃饭，吃起来才会有滋有味。反之，即便是在吃饱了的人的面前，摆着再好的食物也不会勾起他的食欲。同样，给孩子进行智力教育，也要根据孩子的需要，这样才会收到好的效果。具体

地说，家长在给孩子选择图书、玩具时，一定要从孩子的需要出发，不在于多、杂，而在于适宜、恰当，这样才能使孩子形成稳定而强烈的兴趣和求知欲。

2. 给孩子讲故事是一门艺术

研究表明，父母长期为孩子讲故事，不仅能增进亲子交流，还可以促进幼儿智力发育。但是，给孩子讲故事也有个艺术问题。德国大文豪歌德的母亲在给小歌德讲故事时，每次总是在最关键的地方停下来，让他自己去想象接下来故事是如何发展的；第二天，歌德的母亲才会继续给他讲下去。可以肯定地说，这位伟大的母亲深深地领会了讲故事的这门艺术。一方面培养了孩子的想象力、判断力和推理能力；另一方面也使孩子产生了迫切想要了解故事发展的一种心理需要，即一种"饥饿感"。然而，遗憾的是，很多家长给孩子讲故事时往往缺乏这种艺术，总是无视孩子的反应，经常是讲了一个又一个，使孩子对故事的兴趣由浓转淡，最终甚至成了孩子的催眠曲。

总之，家长在给孩子进行智力刺激、创造教育条件时，一定要注意适度适时，从诱导孩子的需求入手，培养孩子的兴趣和求知欲，而且要注意方法，以避免孩子出现智力"厌食症"。

孩子贪玩——玩耍的孩子更聪明

行为表现 孩子贪玩

　　壮壮是幼儿园中班的一个小男孩，眼睛不大，却闪烁着顽皮和诡谲的光芒，他是全园里典型的贪玩的孩子，每天从早到晚，都会上蹿下跳，一刻也停不下来。

　　室外活动时，这个小家伙就像一匹脱缰的野马，无论什么游戏，无不精通，整个人也充满了活力。然而，一到室内上课的时候，这匹小野马不是萎靡不振、昏昏欲睡，就是赖着不愿进教室，即便进了教室，也时常偷偷地溜走，在操场上独自玩耍。总之，这匹小野马只对玩耍兴趣十足，如果要他静下来看书、听故事、画画，他一概没兴趣。

　　虽说老师和家长都费尽心思地劝告这个淘气包，但是仍然无法调动壮壮的学习兴趣，然而只要到了室外，他就立刻恢复了本来面目，变得生龙活虎。

最近几天，壮壮的妈妈跟同事絮叨起了自己的心事，同事跟她说了这样一番话："孩子嘛，就是要活蹦乱跳、东摸摸西碰碰。要是安安静静地不动弹了，那八成是生病了；要是总老老实实地不动弹，那八成就是傻子了。"

听了同事的大白话，壮壮的妈妈还是有些疑惑，弄不明白为什么壮壮在室内室外判若两人。

心理语言 玩耍的孩子更聪明

很多家长总希望自己的孩子能够安静下来，做一些在他们看来能够开发智力的事情，而不是像猴子一样一天到晚地上蹿下跳。

然而，生物心理学家马克·罗森茨威格做过一个实验。该实验以一批遗传素质一样的白鼠为对象，结果发现：环境越丰富，玩耍得越充分，大脑的发育就越好。其实，这个实验和幼儿园的实际情况极为相似。

故事中的小主人公壮壮就是一个典型。在画画时，他往往能突发奇想，画出儿童视角的童真又不失新颖的图画，让人拍案叫绝；喜羊羊这一动画角色，每每言谈举止中，他都会俏皮地有意模仿，惟妙惟肖的样子总是让人忍俊不禁。不仅如此，无论在哪里，壮壮都能轻易地和小朋友打成一片，让人称道。由此看来，贪玩的孩子往往想象力丰富，更善于与人交往。

事实上，科学实践证明，2~6岁的孩子中，爱玩耍的孩子的大脑要比不爱玩耍的至少大30%。因为在玩耍的过程中，孩子要完成数十种与大脑思维活动有关联的动作。例如，掌握平衡、协调心理活动、处理问题等等。而且孩子在玩耍中能接受更多的环境刺激，这对促进大脑的发育，启迪智慧都是极为有益的。不仅如此，通过玩耍还能增强孩子识别物体的能力，提高孩子的语言表达能力和思维想象创造力，并消除心理压力和恐惧感。

所以，对于孩子们来说，家长不仅要重视智商情商，还要重视"玩商"，也就是要重视孩子对玩耍的参与及收获。

关于孩子的玩耍，瑞士著名的儿童发展心理学家皮亚杰经过多年的观察发现，孩子的玩耍要经历3个阶段。

1. 练习性玩耍

这一阶段的玩耍出现在孩子出生后的两年内，这一阶段的孩子会重复各种动作。比如，他们会一遍遍地拖着小车来回走，一次次地把刚刚垒高的积木推倒重来。对于幼儿来说，任何一种活动，任何一个玩具，只要他们在不厌其烦地重复进行、反复摆弄，就意味着他们对此仍然有挑战的欲望。

2. 象征性玩耍

这一阶段出现在幼儿时期，所获得的最主要的认知发展能力就是学会使用不同的象征。此时的孩子会装扮成想象中的角色，模仿成人的活动，如过家家、商店购物等。在这一阶段的玩耍是孩子想象力发展、社会性发展和语言能力发展的重要阶段。

3. 规则性玩耍

这一阶段出现在孩子四五岁时，意味着规则意识的萌芽。随着孩子年龄的增长，他们已经会选择玩伴，变换玩的方式，不再局限于固有的游戏，反而更喜欢不断拓展游戏空间，创造新的游戏。

由此看来，家长要正确对待调皮好动的孩子，不要因严加管束而泯灭了孩子的天性。

专家指导 鼓励、激发、引导孩子去玩

看来，一个"玩"字里的讲究还真不少，那么，怎样才能让孩子玩出智慧、玩出精彩呢？

1. 创设环境，鼓励孩子"想玩"

家长要为孩子创设一个愉快的游戏环境。在环境布置上，要综合考虑颜色、形象、声音等方面因素；为孩子提供一个可以直接接触的环境，比如沙坑、水池、攀爬工具、仿真玩具等；最后，为孩子创设一个"玩"的人际环境，比如，采用孩子最易接受的方式，陪伴孩子一起玩耍。

2. 关注孩子，激发孩子"爱玩"

孩子"爱玩"建立在"想玩"的基础上，所以，家长要先了解孩子在每个成长阶段最想玩的是什么，然后从中发现孩子感兴趣的事物和游戏。与此同时，家长还要注意创设条件，提供刺激，使孩子在自身需要的基础上玩起来。值得注意的是，家长千万不要代替孩子解决游戏过程中遇到的难题，一定要给予孩子充分的时间、空间和自由，让他们自己探究，这样孩子才会玩得更痛快，更持久。

3. 融会贯通，引导孩子"会玩"

探索是游戏的前奏，孩子爱玩，是因为玩与探索密切相关。我们说，当孩子能够将他搜索到的东西糅进游戏中时，就是"会玩"了。所以，家长必须融会贯通地看待"玩"，了解孩子游戏的需要及所处阶段，关注伴随孩子身心和谐发展的教育契机，引导孩子在"会玩"中学习，在"会玩"中探索，在"会玩"中开出思维的花朵。

此外，当孩子全神贯注地玩耍时，家长不要打搅他，也不要离开他，而要坐在旁边陪伴他，分享他的快乐。

孩子爱问"我从哪里来"：性意识朦胧期的开始

行为表现 孩子爱问"我从哪里来？"

"妈妈，我是从哪来的？"这是3~5岁的孩子最爱问的问题，而父母们又是怎样回答的呢？

故事一：

一天，4岁多的婷婷突然问妈妈："妈妈，我是从哪儿来的？"，当时婷婷的妈妈不假思索地告诉她，她是观音送子娘娘送的。

过了几天，婷婷又冷不丁地问妈妈："我是观音送子娘娘送的吗？"

妈妈说"是"，接着婷婷又好奇地问："妈妈也是吗？"妈妈说"是"，她犹疑了一下又问："那爸爸也是吗？"妈妈说"也是"。

停顿片刻后，婷婷带着惊奇又委屈的语气说："那我在那里怎么没有见过你们呢？"说着眼泪就"吧嗒吧嗒"地流了下来。

看着孩子的这副表情，婷婷的妈妈顿时不知所措起来。

故事二：

飞飞是个3岁半的小男孩，一天，他突然问妈妈："妈妈，我是从哪来的？"

妈妈听了，想了想，给他讲了一个很长的故事。大概意思是：在爸爸的肚子里有很多种子；有一天，这些种子种在妈妈的肚子里；后来，种子长大了，就变成宝宝了。

第二天，飞飞郑重其事地跟妈妈讲："妈妈，您说的不对，爸爸肚子里根本没有种子，全是饭！我看他吃进去的。"

最终，不仅孩子糊涂了，妈妈也糊涂了。

故事三：

有一天，一个小女孩问妈妈这："妈妈，我是从哪来的？"

这位妈妈是这样回答的："爸爸身体里有一种叫精子的细胞，妈妈身体里有一种叫卵子的细胞。一天，这两个细胞相见了，卵子热情地邀请精子去她家做客，于是，他们俩就一块去了妈妈的肚子里。妈妈专门为他俩准备了一座美丽的花园叫子宫，在这座花园里，精子和卵子合成了一个受精卵。之后，在妈妈提供的营养物质的哺育下，它渐渐成长为一个小胎儿。十个月过去了，妈妈住到了医院，医生就把宝宝接出来了，从此，就有了你这个小生命了。"

听了妈妈的这番话，孩子的两只大眼睛忽闪忽闪的，看样子她一点儿都没弄明白是怎么回事。

心理语言 男女身体有区别，性意识朦胧期开始

对于孩子突如其来的问题，很多父母为了省事，总会先编一个故事，煞有介事地告诉孩子，"你是从石头缝里蹦出来的""你是别人送到咱家门口的""你是马路边捡来的"，等等。

然而，等孩子稍大一些，他们还会问更详细的问题，比如，"我是从哪块石头里蹦出来的？是不是孙悟空出世时的那块石头呢？""是谁把我送来的？""我是从哪个马路边捡来的呢？"面对这样的问题，父母常常瞠目结舌，不能自圆其说，后悔当初不该编出这样离奇的故事。

其实，这样的回答对大人来说，是很草率的。想想看，十月怀胎的日日夜夜，准妈妈为胎儿进行胎教时，何尝不是希望亲子间的关系能够更融洽、更温馨呢？可是，当孩子听到这样的回答，知道他不是父母亲生，而是从石头缝里蹦出来的，从马路边捡来的，或是别人送来的时，孩子的潜意识里必然会产生失落感，孩子的安全感也会随之减弱，而血浓于水的亲子关系又从何而来呢？

除了这些绕道而行的哄骗外，还有一种家长的回答甚至可以说是在进行一次科普知识的讲解，就如故事三中的妈妈一样。显然，这样

的回答早已超出孩子的认知水平，仍然没有解决孩子的疑惑。

事实上，孩子从1~2岁开始进入性意识的朦胧期，他们会注意到男女身体上的区别。后来，随着语言能力的发展，孩子2~3岁时，会提出一些令成人尴尬的问题。比如，"我从哪里生出来的？""妹妹的身体为什么和我的不同？"甚至有的还可能会对自己排出的粪便感兴趣。这时候，让孩子学会爱自己的身体，就是孩子人生幸福的起点。

专家指导 回答提问简单明了，尽量自然

其实，回答三四岁的小孩提出的问题，要像孩子提问时那么简单明了就行了。作为家长，没有必要明明白白地描述给孩子。事实上，孩子提问时根本没想那么多，他们很容易满足于简单的答案。而且孩子对性的好奇根本不像成人想象的那么强，成人完全可以避开解释的尴尬，用另外一种说法坦率地把这个问题讲出来。另外，性本身就是人之天性，到了该懂的时候，孩子自然会懂，就像会走路是人的天性一样，这一切只需要时间来成全。

所以，遇到孩子类似"我从哪里来"这样的提问时，家长不妨这样告诉他："宝宝长在妈妈身体里一个特殊的地方，这个地方叫子宫。"说到这里就足够了。如果孩子大一点，可能还会问："宝宝是怎么进入妈妈身体的？又是怎么出来的？"这时，你可以说："宝宝是由一颗种子长大的，而这颗种子一直待在妈妈的肚子里。"

在回答孩子的问题的时候，父母一定要记住：回答有关生活真相

的问题要尽量自然，满足孩子的好奇心就可以了。要知道，孩子天生就有着对生活的观察力和丰富的想象力，他们往往相信自己听到的、看到的东西。

事实上，只要你试图用这种方法向孩子传递性知识，就会不知不觉地发现，这种方式既不会让孩子产生恐惧，又不会让他们产生邪念，有的只是对生命的崇拜和向往，如此说来，这又何尝不是一种美的享受呢？

"我要嫁给爸爸"：孩子对性别角色的最初认识

行为表现 孩子说"我要嫁给爸爸"

小雪快4岁了，是个喜欢画画的小女孩。

一个周末的下午，小雪照例开始她的"创造"。一旁的妈妈一直忙着做家务，顾不上陪她。即便如此，小家伙也能乖乖地坐在那儿，专心致志地画啊画。

大概过了两个小时，小雪还趴在桌上埋头"工作"着，出于好奇，妈妈悄悄地走到了小雪的身后。

这时，小雪竟然淘气地"嗖"地一下子转过身来，高举着她的"作品"，眯着小眼睛甜甜地对妈妈说："妈妈，妈妈，你看这是我画的画。"

看到小雪"作品"的一瞬间，妈妈着实诧异不已，画面中央分明是一对新郎和新娘。"咦，小女儿怎么会画出这种画呢。"妈妈按捺住自己的疑问，依旧像往常一样，平静地和小雪交流起来。

妈妈微笑着对她说："乖女儿，这画画得真好，你的想象力很丰富，妈妈真为你感到骄傲。"小雪听妈妈这么一说，露出了甜甜的笑容。

妈妈接着说："不过，妈妈有点儿不明白，新娘是谁呢？"

只见小雪骄傲地摸了摸自己的小肚子说："是我啊，妈妈。"

"哦，是吗？那么，旁边的新郎又是谁呢？"小雪的回答激起了妈妈的好奇心，她接着问。

"是爸爸啊，我要和爸爸结婚。"此时，小雪的脸上堆满了神气十足的表情。

妈妈忍不住笑了起来，问她："可是，爸爸已经有妈妈了呀？"

这么一问，反倒让小雪不知该说什么好，只是随口说了一句："那就我们三个人一起过吧。"

心理语言 孩子对性别角色和对异性最初的一种认识和体现

"我要嫁给爸爸""妈妈是我老婆"……你家的小宝宝是否也有类似的"豪言壮语"呢？当你听到孩子这些可爱而稚嫩的言语时，又会有怎样的反应呢？或许，更多的家长恐怕会有这样的烦恼吧："这么小的孩子就有这些想法，是不是太早熟了？""小家伙如果真当真了，有了妒忌、沮丧的心理，那该怎么办？""如果孩子只关注心中的那个'他'或'她'，不理其他小朋友怎么办？"……

那么，在这些单纯而又不失可爱的画面背后，到底意味着什么呢？

在婚姻敏感期的早期，也就是从孩子三四岁开始，随着孩子自我意识的逐渐产生，他们的性别角色意识也在慢慢增强。这时候，他们开始对自己的父母产生强烈的好感，进而把自己的结婚对象锁定在爸爸妈妈身上。在女孩的眼里，对爸爸会有一个最基本、最单纯的认识，他代表了所有男性充满力量、高大而勇敢的一面，所以，女孩会说要和爸爸结婚。而在男孩的眼里，会对妈妈所代表的所有女性有一个最初的认识，那就是说话温柔、体贴入微，给人一种温暖的感觉，所以，男孩会说要和妈妈结婚。

实际上，这是婚姻敏感期出现的一个雏形。对于孩子而言，父母的爱是安全的保障，快乐的源泉，是他们健康成长的原动力，而和爸爸妈妈结婚的这种思想是孩子对性别角色和对异性最初的一种认识和体现，也是儿童认知社会关系的一个必经过程。

不过，很有趣的是，在婚姻敏感期的早期，当孩子说要跟爸爸结婚、跟妈妈结婚，甚至是跟老师结婚的时候，他们是不会觉得爸爸、妈妈、老师跟他们的年龄有太大的差距的。但是，当这一敏感期发展了一段时间以后，孩子会突然意识到应该跟与他同龄的人结婚，这时他们就会在小朋友中间选择结婚对象了。

专家指导 帮助孩子建立更好的婚姻观念

那么，对于那些想跟父母结婚的孩子，作为家长，又该如何应对呢？

（1）家长应该认识到孩子对"结婚"有一种朦胧的向往，是学龄前儿童的一种正常的心理和生理反应。对于孩子的这一反应，父母应该感到高兴才是，因为在这个过程中，我们可以帮助孩子建立更好的婚姻观念，帮助孩子建立更好的爱的观念。

（2）家长不必过分紧张，不要斥责孩子"结婚"的想法，更不能心不在焉地一笑了之，而应耐心倾听孩子的倾诉，让孩子做一个真实的人。

要知道，此时的孩子对婚姻充满了向往，他们正在学习人间最美好的感情，而且他们已经认识到婚姻是人与人之间的基本关系，是最亲密的关系。

（3）家长应该对孩子的爱加以正确引导，可以试着这样对孩子说："我知道你很爱我，我也很爱你。不过，等你长大了，就不会想跟妈妈结婚了。那个时候，你会爱上一个女孩子，那种爱跟你对妈妈的爱是不一样的。然后，你会跟那个你爱的女孩子结婚。"

事实上，儿童时期是一个培养情感和发展情感的过程，而这一过程可以使孩子知道婚姻最基本的要素，即找一位两情相悦的异性。这样才能为孩子成人以后的婚姻品质打下一个良好的基础。

所以，家长要帮助孩子在这个时期健全他们的情感世界，让他们明白亲密关系的建立与维系需要付出努力。其实，这对于孩子未来的幸福婚姻是非常有意义的一件事。

　　除此之外，家长还要随时注意了解孩子的内心变化，这样孩子在产生各种想法的时候，家长才能沉着应对。

问

　　我儿子今年8岁了，小时候是个活泼可爱又懂事的孩子，但是现在变了。他在跟别人说话的时候，常会冒出一两句脏话来，比如"你是蠢猪""赶快滚蛋"之类的话。

　　上个周末，我带他一起去参加朋友聚会，他带了一个变形金刚玩具去玩。朋友见他好玩，就跟他说："你的变形金刚怎么玩，教我好不好？"儿子很乐意地答应了，然后教朋友一起玩。教了几遍之后，我朋友装作还是不懂的样子，故意逗他。结果他不耐烦了，抢过自己的玩具，说了一句："你怎么笨得像猪一样，赶紧滚开吧！"

　　听到之后，我当时真是超级尴尬，朋友脸上的表情也瞬间定住了，然后假笑几声，走开了。我随即严厉地教训了儿子，他立即承认了错误，并保证不再说此类的话。可是，还没过一天，他嘴里又开始时常蹦出脏话了，我真的越想越着急。这么大的孩子了，满口的脏话，长大了会改掉吗？我也不知道怎么让他去改。

答

当孩子嘴里蹦出脏字时，很多父母会感到紧张和担忧，生怕孩子从此学坏。由于受周围环境的不良影响，加上孩子有喜欢模仿的天性，"说脏话"这样的现象并不少见。面对孩子的这种不良行为，究竟该如何纠正呢？

1. 净化孩子周围的语言环境

孩子不文明的语言一般都来源于周围的环境，如果家长说话粗俗，满口脏字，就很容易使孩子去模仿。因此，家长应该提高自身的修养，为孩子做出良好的榜样。当父母发现孩子说脏话时，要找出他说脏话的根源，尽量让孩子远离或少接触不良的环境，为他创造一个文明的环境。

2. 明确不赞同的态度

当孩子说脏话时，可以先认同他们要表达的事情，但同时也要郑重严肃地告诉他，这些话不文明、不好听，包括爸爸妈妈在内的所有人都不喜欢听，希望他以后再也不要用类似的语言表达情绪了。若孩子仍使用不文明语言，你需要一再表明你不认同的立场，让他明白这是错的，所有人都不喜欢。

3. 让孩子学会适当的表达方式

许多孩子骂人其实是对自己受到伤害的一种情感宣泄，父母应教育孩子以平和的心态看待与他人之间的摩擦，让孩子学会宽容他人的过失。

父母要明确地让孩子知道，一个人说话要文明，说脏话的孩子不是个好孩子，正面教育孩子改变这种行为，从而引导孩子用文明语言表达内心的感受。

4. 惩罚屡教不改的行为

孩子自制力差，即使多次警告他，使他明白了骂人是一种不好的行为，有时脏话还是会脱口而出，甚至一而再，再而三地使用这些不雅之词。对于这样屡教不改的孩子，家长可采取适当的惩罚措施，明确告诉他，如果再说脏话，就会失去某些权利。比如，不让他看爱看的动画片，不带他到儿童乐园去玩，等等。

问

我儿子今年12岁，快上初一了，脾气特别犟，让他学习，他就是不学，还和我顶嘴。我说一句，他回我好几句。其实我没像其他父母那样逼孩子读书，但他玩心太重了。在这种情况下，我该怎么办？

答

孩子渐渐长大，当他们学会用语言表达自己的想法和意愿时，似乎变得特别能说，也学会了与家长顶嘴，常常把家长顶得无言以对。

随着孩子语言能力的发育，他们逐渐学习用语言表达自己的意愿和想法，并急于向大人证明"我已经长大了，我可以"。于是，他们常常会按照自己的意愿去做事。

顶嘴是孩子在成长的过程中"自学"的一项本事，而且会逐渐升级，越用越熟。父母不要寄希望于孩子长大后会自己改正，而是应该坚定立场，坚决地制止孩子的这种行为。

1. 向孩子表明这是错误的表达方式

如果孩子第一次顶嘴，父母没加以制止，孩子以后就会频繁地顶嘴，甚至会导致孩子性格上的缺陷。所以，父母应该及时地告诉孩子，这种说话的方式没人会喜欢，顶嘴是错误的表达方式。

2. 父母要控制自己的情绪

当孩子顶嘴时，父母首先要弄清楚缘由，不要随便批评，而要选择和孩子单独相处的场合，用和颜悦色的方式来循循善诱，让孩子心甘情愿地接受，避免引发孩子的抵触情绪。

3. 父母要尊重孩子的意愿

孩子长大了，有了独立的意识，父母要尊重孩子，放手让孩子去锻炼，尽可能地为孩子提供机会，创造条件。

4. 父母要做好亲子沟通

沟通是积极应对和有效预防顶嘴的重要方式，父母要允许并鼓励孩子表达自己的想法和意愿，充分地去理解他们。因为孩子大了，对事物有了自己的见解，所以才会有不同的观点。父母不要轻易制止孩子，应该学会耐心倾听，与孩子平等对话，引导孩子清楚地表达自己的意愿，学会讲道理，而不是顶嘴。

问

我儿子今年上初二，为了方便联系，我给孩子配了一部智能手机。但开学一个多月以来，我发现儿子特喜欢玩手机，心思好像都在手机上，只要在家，就能看到他不时地翻来覆去地摆弄手机。

每天起床，儿子第一件事就是拿起手机；每天睡前，儿子最后一件事是放下手机；平时，若一段时间手机没有动静，一定能看到他不时地查看手机。更让人看着心烦的是，儿子边看电视也要边玩手机，就连上卫生间也把手机带在身边。在卫生间里，他会蹲半天不出来。

反正，儿子着了手机的"魔"！自从买了手机，手机就成了儿子随身携带的一个"玩具"。我每次说他，叫他少玩些，他都不听。我如今真后悔给儿子配手机。面对成了"手机控"的儿子，我到底该怎么办？

答

随着生活水平的提高、手机的普遍性，很多家长也给正在上学的孩子买了手机。可是问题出现了：手机里有各种各样的游戏，孩子沉迷于手机游戏，学习成绩下降，让不少家长为此烦心。那么，怎样才能让孩子戒掉"手机瘾"呢？

1. 规定时间，对犯规行为进行惩罚

孩子玩手机，无论是过度放纵还是严格禁止，都是不理性的，把握好分寸才是正确的做法。父母可以给孩子规定玩的时间，比如，每次玩都不能超过半小时，如果这次按时归还，下次就还可以玩；如果这次不按时归还，下次就没得玩。按照规矩来做，慢慢地孩子就会习惯于遵守。

2. 转移孩子的注意力

当孩子要玩手机或是不能停下来时，父母可以转移孩子的注意力。比如，用玩具吸引孩子，跟孩子来一场家庭游戏，给孩子讲有趣的故事，让孩子画画，带孩子外出去散步，等等，都是不错的注意力转移法。

3. 父母要以身作则

孩子天生会模仿，父母是孩子的第一任老师，孩子更喜欢模仿父母，父母在玩手机，孩子便学着父母的样子这里划一划，那里按一按，渐渐地被里面的新奇所吸引。每当父母在玩手机时，孩子也要玩的意愿往往会非常强烈。所以，想要让孩子少玩手机，父母也要少玩才行。